用数学的语言看宇宙

望月新一的IUT理论

[日] 加藤文元——著
周健——译

宇 宙 と 宇 宙 を つ な ぐ 数 学　I U T 理 論 の 衝 撃

人 民 邮 电 出 版 社
北　京

图书在版编目（CIP）数据

用数学的语言看宇宙：望月新一的IUT理论 /（日）加藤文元著；周健译. -- 北京：人民邮电出版社，2024.2

（图灵新知）

ISBN 978-7-115-63196-1

Ⅰ. ①用… Ⅱ. ①加… ②周… Ⅲ. ①数学－普及读物 Ⅳ. ①O1-49

中国国家版本馆CIP数据核字(2023)第225529号

内 容 提 要

本书是解读望月新一“跨视宇 Teichmüller 理论（IUT 理论）”的通俗读本。作者将望月的论文及构想，转化为一般读者也能读懂的语言，创作了这本“IUT 理论”的解读手册。书中侧重解读“IUT 理论”的思考脉络及其对现代数学体系的重大意义，同时也展示了数学家的思考方法，是一本兼具前沿数学理论知识与经典数学思维方法的科普佳作。本书适合作为数学研究人员、数学爱好者了解“IUT 理论”的入门读本，也适合作为学生了解数学思考方法的参考读物。

◆ 著　　　　［日］加藤文元
　译　　　　周　健
　责任编辑　魏勇俊
　责任印制　胡　南

◆ 人民邮电出版社出版发行　　北京市丰台区成寿寺路11号
　邮编　100164　　电子邮件　315@ptpress.com.cn
　网址　https://www.ptpress.com.cn
　涿州市京南印刷厂印刷

◆ 开本：880×1230　1/32
　印张：8.125　　　　2024年2月第1版
　字数：194千字　　　2024年2月河北第1次印刷

著作权合同登记号　图字：01-2020-7185号

定价：69.80元

读者服务热线：(010)84084456-6009　印装质量热线：(010)81055316

反盗版热线：(010)81055315

广告经营许可证：京东市监广登字20170147号

前　言

写此书的一个主要目的是介绍望月新一教授的一个全新的数学理论，笔者希望介绍得足够浅显易懂，以便使一般的读者都能领会其中的主要思想。这个新理论的名称就是“跨视宇 Teichmüller 理论”（以下简称“IUT 理论”），它关联着数论中的一个非常重要而又非常困难的猜想，即著名的“ABC 猜想”。自从 2012 年望月新一教授在网上发布了他那篇长长的论文以后，IUT 理论的影响力逐渐扩展到了社会大众，衍生出各种各样的话题。当然，在数学工作者的圈子里，人们对于这个理论的反响也是千差万别、莫衷一是。但遗憾的是，到今天为止，这篇论文仍然没有被正式地刊登在专业数学杂志上，这意味着数学界还没有完全接受他的这个理论[①]。

面对这个 IUT 理论，大家的态度虽然是各种各样的，但在大多数情况下，我们常会听到这样一种声音。“IUT 理论不过就是一个把许多新奇的抽象概念以极其错综复杂的方式联系起来而形成的理论架构，而

---

① 此书日文版写成于 2018 年，现在望月新一的论文已经在京都大学数理解析研究所的杂志上正式发表了（见下面列出的信息），不过围绕该理论的争议声依然没有停息。

Mochizuki Shinichi. Inter-universal Teichmüller Theory [J]. Publications of the Research Institute for Mathematical Sciences，2021，57：1-725. ——译者注

且它的内容实在是太复杂了，想要检验它的正确性是一件非常困难的事情，简直不是人力能够做到的。”因此，很多数学工作者似乎都抱有下面这个想法：既然没有什么人能够确认它的真伪，那你再怎么拍着胸脯保证也没有办法让人相信。更有甚者，还有几位数学家对这个理论提出了质疑。2018 年春天，这几位数学家专门来京都与望月教授进行了一番辩论，这件事在数学工作者的圈子里获得了相当程度的关注，但最终也没能让人们就这场辩论达成一个结论性的共识。这似乎又进一步强化了大家对于 IUT 理论的上述认知。

在笔者看来，IUT 理论绝对不是那种“仅仅把一堆抽象概念复杂地交织在一起”而形成的理论架构。作为数学中的一种“思考方法”，它其实是极其自然的。这种新的思考方法，经过望月教授本人以及许多相关人员的不懈努力，已经逐渐得到了越来越多人的理解，但即使到今天为止，这样的进展仍然没有扩散到大部分的数学工作者那里，我们不得不承认，现状就是如此。

在本书中，笔者想要特别强调的一点就是，IUT 理论正是扎根在一种“自然的思考方法”之上的理论体系，而且这种自然性是那些并不从事数学工作的普通人也能理解的。对于像 IUT 理论这样一种技术上极其困难、只有高度专业的数学家才能理解的理论，笔者希望通过这种围绕上述要点展开解说的方式，不仅能够将它背后所蕴含的基本思想传达给一般的读者，而且能够使读者对于 IUT 理论可能会引发的数学变革获得某种切身的感受。此外，对于那些至今仍然把 IUT 理论仅仅视为一种复杂的理论架构的数学工作者们来说，本书应该也能提供一些新的视角吧。

我们的任务并不是要对 IUT 理论的数学内容进行细致的技术验证，

这件事还是交给审稿人以及IUT理论的研究者们吧。对于这方面的工作，本书完全没有打算提供任何新的素材和助益。即使IUT理论在将来很长一段时期内仍维持现在这种状况，在它的根底里所具有的那种自然的思考方法本身依然是十分重要的，这一点不会有任何改变。实际上，我们完全有理由这样认为，在将来很可能有另外一个人从另外一个角度出发，采用与IUT理论同样的思路和想法，建立起一套新的理论。本书希望向读者传递的就是这样一个观念。

不仅如此，在本书中，笔者还希望从较一般的视角来谈一谈数学与社会的关系、数学与产业的关系等更加广泛的话题。这也是因为，在今天这个时代，从整个世界来看，数学与社会之间的互动已经开始展现出我们在过往的历史中从未看到过的新趋势和新关联。现代社会的一个显著特征是，数学已经渗透到了整个社会的各个角落，这是以前的时代所不可比拟的。读者只要读过了本书的前半部分就能明白，实际上，连我们的口袋里都装着现代的高深数学的成果。从这个意义上来说，能够有机会向读者传达数学这门学问以及数学工作者的工作内容等方面的信息，从社会与数学的内在关系的视角来看也是非常有意义的。

不管怎么说，通过观察IUT理论在数学界所遇到的各种状况，也有助于我们从数学的现在与未来、数学与社会的关联等角度，渐渐看清楚数学和数学界的各种样态。数学通常被认为是一个黑白分明的世界，在这里竟然也会发生围绕着“正确性”的争论，一般的读者可能会觉得这是一件很不可思议的事情，甚至一时难以相信。但是，这样的状况反而更能显示出数学这门学问的多样性和丰富性。从这个意义上来说，作为一本与数学相关的图书，本书恐怕可以算是一本以前从未出现过的图书。

本书的内容是以笔者在 2017 年 10 月的数学活动“MATH POWER 2017”中的演讲为基础整理而成的。因此，在那次演讲中给笔者提供了帮助的各位人士，也为本书的顺利完成做出了贡献。

特别要指出的是，株式会社角川书店[①]的川上量生先生向笔者发出演讲和图书写作的邀请，并就其内容给笔者提供了许多建议，株式会社 UEI 的清水亮先生精心制作了演讲用的幻灯片，在此深表感谢。川上先生还为本书专门写了一篇解说。另外，在本书的实际写作过程中，笔者得到了株式会社角川书店的郡司聪先生、大林哲也先生、堀由纪子女士的关照。

最后，我还要对我的老朋友望月新一教授表示衷心的感谢，感谢他从许多不同的角度为我提供了这样一个绝佳的写作机会。（究竟是些什么样的角度，请看本书正文。）

加藤文元

---

① 株式会社角川书店的前社长。——译者注

写在此书出版之际

事情恐怕要追溯到2005年夏天，那个时候，（以下简称IUT理论）还在襁褓之中，为了廓清该理论的一些基本想法，并深入探讨与之相关的数学内容，我和加藤文元开设了一个小小的讨论班。以当时自己的心境来说，绝对没有预想到，在十几年后的今天，加藤竟然能够写出一本向广大读者介绍这个理论的科普书，而且还会找我来给这本书写一篇卷首语。

对于IUT理论的更为详细的解说，还请读者阅读本书正文。如果要用一句话来概括的话，那么可以这么说，我们通常所说的“自然数”（也就是0, 1, 2, 3, …这些数）在加法和乘法两种运算的支撑下构成了一种所谓的“环”结构。这个结构是非常复杂的，而IUT理论就像是这样一种数学机器，通过它我们能够把自然数的加法和乘法这两个“自由度（= 维度）”拆解开来，并借助某种数学式的显微镜来进行观察，这使我们能够通过“大脑中的眼睛”来直观地对它们进行重组或复原，由此来提取出拆解之前的加法和乘法之间那种复杂的交缠方式中的某些关键性的定性信息。

在拆解之前，加法和乘法这两种运算在“环”结构中的关联方式是非常“稳固”的（借用在数学文献中经常出现的著名用语，这个关联方式具有“非同寻常的刚性”)。一直以来，人们认为想要让这个关联方式产生“松动”或者“变形”是无论如何也做不到的（即使把以前数学中的那些“常规工具”全都调动起来)。

在 IUT 理论中，对加法和乘法之间的这个“应该是无比坚固的关系”进行拆解和变形，刚好就是该理论的核心部分。而且，不仅是单纯地进行拆解和变形，还可以反过来对其进行重建，并且在这个重建的过程中，并没有把原来那个坚固的状态完全恢复，而是不得不带着各种各样的“松弛度”(即数学中所说的“不确定性”)，最终以一种“松松垮垮”的状态复原。换句话说，复原之后的加法和乘法之间的关系，已经不是原来那种坚固关系本身，而只是对于原本的坚固关系的“某种近似”。

与加法和乘法之间原本的坚固关系相比，这种在复原过程中出现的各种各样的“不确定性”，导致了最终结果也是“松松垮垮”的状态。如果我们用数学界本来就有的那种朴素的感觉（这可能也是大多数普通人都具有的感觉）来体会的话，可能只会把它当作“一种新发现的数学现象”，然后泰然自若地从逻辑上予以理解和接受。先不管这种做法是好事还是坏事，再优秀的数学家，终究也不过是生活在人类社会之中的“凡夫俗子”。

实际上，“不确定性”或者说某种“近似”这一现象本身在以往的数学文化中也并不是什么特别新奇的事。举例来说，在分析学（这个数学分支就是我们在高中学习过的数列极限和微积分的进一步深化）中，人们从很早以前就已经在使用这样一种思考方法，即我们不再把找到“精确解”作为目标，而是将寻求用不等式的方式来表达“近似解”，或者证明“在正负多少的范围内是有解的”这种性质作为目标。

但是，从某种意义上说，自从数学这门学问诞生以来，人们一直认为，在“加法和乘法之间的坚固关系”（即“环的结构”）之中，类似于“松弛度”（“不确定性”）的东西是无论如何也不可能存在的。如果有一种理论想要把这个关系上的“松弛度”（“不确定性”）当作数学上有意义的东西来承认的话，那么对于研究“环”和“数”的结构性质的“算术几何学”这个领域的很多研究者来说，这已经轻易地跨越了可接受的范围，肯定会被当成过于激进的想法。

实际上，如果把这个被很多著名的研究者长期认为“不可能存在”的东西当作“完全有可能存在”的东西来理解和接受的话，那就意味着要把许多极其“顽固”的“固定观念”和“评价尺度”从根本上予以否定和推翻，相应地，建构在它们之上的数量众多的社会性结构、组织、地位等也会被动摇。而且，那些与此有关的人很容易生出这样一种联想，即对这种既有的“固定观念”和“评价尺度”的否定所产生的后果，将不会仅仅停留在给算术几何学这个特殊的数学分支所带来的“一次性”的影响，而是会波及许多与数学没有直接关系的一般社会结构、组织、地位等。从这个意义上来说，认为这件事“过于激进”也是具有一定合理性的。

本书的正文通过列举很多在历史上已经发生过的事情来说明，人们原本认为某个概念性构造是“坚固无比”的，后来发现在其中实际上存在着某种“不可避免的内在松弛度”（“不确定性”），由此带来了思维方式的根本性转变。从这个角度来思考的话，我们很容易联想到下面这些事例。

- 在“大航海时代”的欧洲，伽利略等人所主张的地动学说还不能被社会所接受，因而其遭遇了各种各样的严酷“镇压”。地动学说的中心思想是，人们一直把地球当作宇宙中心，认为它是一个有着完全固定状态的绝对性存在，但它实际上是在自然界中某种巨大力量的推动下，不停地围绕着太阳在转动。

· 在 20 世纪早期至中期的“德语圈”中，在爱因斯坦等人的努力下，以相对论和量子力学为代表的理论物理学取得了惊人的进展，但同时，我们也能看到对培养这些学科的学术风气持强烈否定态度的言论。相对论是这样一种理论，它认为时空的几何结构并不是一个固定的欧几里得空间（用“浅显”的语言来说，这就是平面的高维推广）那样的结构，即便在局部上我们能近似地把时空看成具有欧几里得空间的结构，但从整体上来看，它的结构必然会偏离欧几里得空间，也就是说，局部上的欧几里得坐标已经出现了“摇晃”。而在量子力学的理论中，基本粒子的动力学已经不能在一个固定的数学框架（也就是古典力学中的微分方程组）下以完全确定的方式来进行描述，而是要遵循所谓的“不确定性原理”，且只能对各种可能性的概率分布进行计算。也就是说，基本粒子具有必然且内在的“不确定性”，这正是量子力学的核心观点。

在上述的任何一种事例中，对新理论中所出现的这种理论上的“不可避免的内在松弛度”（“不确定性”）加以否定，试图维持那种“固化了的确定性”的态度，与当时社会上很多人所抱有的社会性的固有观念以及对于“简单的确定性”的不厌其烦的追求以某种形式联系在了一起，这样的社会状况又对科学理论的研究人员产生了深刻的影响。对于这种状况，如果我们站在较远的“距离”和较高的“高度”上看，确实会有某种意味深长的感觉，而对于数学理论与社会现实的这种关联方式，我们甚至能够体会到一种“数学上的美感”。

对于那些生活在社会过渡时期的民众来说，即使认识到“良药”总是带着苦味的，也宁愿追求“简单的确定性”，由此所产生的社会矛盾就会越发凸显。为解决这个矛盾而指明前进的方向，承担起“心灵路标”的作用，这不正是高扬着真正革新精神的纯粹数学所具有的最为本质的存在意义吗？进而这不也是它的重要“应用”吗？回顾自己近半个世纪的人生经历，特别是其中那些令人印象深刻的场景和“岔路口”，我就更加深切地感受到了这一点。从这样的观点来考虑，我也非常期待本书能够深化数学理论与社会现实之间的连接，并在其中起到富有意义的“缓冲”和过渡的作用。

望月新一

目录

第①章 IUT 理论的冲击

“是的，谷歌！”

2012 年 8 月 30 日，京都大学数理解析研究所的望月新一（Mochizuki Shinichi）教授在自己的网站上发布了一篇刚刚写就的论文，该论文包含 4 个部分，总页数超过 500 页。这可是望月教授付出了 10 多年的艰苦劳作之后的思想结晶。更为重要的是，他在论文里声称，这项工作能够解决数学中一个极其重要的猜想，也就是非常著名的“ABC 猜想”。关于这个著名猜想，我们在后面还有更详细的介绍，这里就不多说了。不过还是要指出，这个猜想非常重要，它有着巨大的影响力，因为只要解决了它，数论里的很多悬而未决的难题都能够得到解决。但也正因为如此，解决这个猜想才会显得异常困难，一直以来，世界各地的数学家们绞尽了脑汁，都拿它没有办法。

鉴于这种情况，过去大家一般都认为，人类想要完全解决这个猜想，恐怕还要花上相当漫长的一段时间。现在，望月教授竟然在论文中声称他要解决 ABC 猜想，这本身就已经相当耸人听闻了。因此，他的论文一经公开，就顺理成章地震惊了全世界的数学家们。

我们当前已经处于这样一个时代，无论是自然科学领域还是科学技术领域，一有什么重大的发现，大众传媒就开始不遗余力地宣传，然后消息很快就会传到一般人的眼睛和耳朵里，这种事情已经屡见不鲜，俨然成了一种常态。当然，像是颁发诺贝尔奖这样的新闻肯定会让整个日本都沸腾起来，但即使不是这种特殊的时刻，我们也能经常在电视上看到新闻里或者纪录片里正在介绍着科学和技术中的各种新发明和新发现。从这个意义上来说，自然科学和科学技术看样子已经越来越靠近我们的日常生活了。

但就是在这个信息如此发达的时代里，一说到数学，我们还是会觉得，媒体上几乎不会大张旗鼓地谈论这方面的话题。这是不是因为在数学的世界里比较缺少重大的发现呢？事情肯定不是这样的。那又是怎样的呢？从大的方面来说，自然科学中的各个学科原本已经很抽象，而数学的抽象化程度又比其他学科高出一个等级，这自然就加大了把数学发现做成新闻的难度。另外还有一个重要的原因，那就是诺贝尔奖里面并没有数学奖这一奖项，这恐怕也会导致数学方面的进展不太能够成为人们茶余饭后的谈资①。

但是，望月教授的这篇论文却很不一样，它不仅得到了数学界的强烈关注，而且也激起了新闻界的极大兴趣。随之而来的是，这个消息在数学界的内外两个方面都引发了各种各样的反响。

那么对于这样一个不仅极富独创性，而且对一般的社会大众也产生了强烈影响的事情，数学工作者以及一般的社会大众在当时究竟有过一

---

① 在数学方面也有一个最具权威性的奖项，即“菲尔兹奖”。不过这个奖项每隔 4 年才会颁发一次，而且还设置了一个十分严格的限制条件，即只有 40 岁以下的学者才能获得提名。日本有 3 位获奖者，分别是小平邦彦（1954 年）、广中平祐（1970 年）和森重文（1990 年）。

些什么样的反应呢？另外，从实际情况来说，这个事情的前因后果到底是怎样的呢？为了把这些疑问逐一解释清楚，我们有必要先来认真地回顾一下这个把众多数学家和新闻记者都卷入其中的事情，看看它是如何一步一步向前演进的。

如前所述，望月教授发布论文的日期是 2012 年 8 月 30 日。那天早些时候，在将要发布论文之前，他向一位同事——京都大学数理解析研究所的玉川安骑男（Tamagawa Akio）教授——透露了他即将发布论文这个想法。说起这位玉川教授，他和望月教授可不仅仅是研究所的同事，他们无论是从数学研究领域上还是从私人交往上来说都是关系很近的人。所以，玉川教授对于上述论文中的新理论已经有了相当深入的理解，而且对于这个新理论所具有的影响力也十分清楚，估计他那时应该也知道这个理论已经接近完成了。

但是，望月教授并不只是向玉川教授这样的身边的同事解说过他的这个新理论的内容。实际情况是，他早已把这个新理论的基本内容告诉了相当多的人。比如说，2010 年 10 月在京都大学数理解析研究所举行的国际研讨会上，他就用英语向来自世界各地的专业研究者们介绍了他的这个已经接近完成的研究工作的概要[①]。虽然那次报告的时间很短，只有约一个小时，但是对于像英国埃克塞特大学的 Mohamed Saïdi 教授这样的专家（他的研究领域与望月教授的研究领域十分接近[②]）来说，已

① Joint MSJ-RIMS Conference: The 3rd Seasonal Institute of the Mathematical Society of Japan, Development of Galois Teichmüller Theory and Anabelian Geometry, October 25-30, 2010. 望月教授做报告的时间是 10 月 29 日上午 10 点到 11 点，报告的题目是“Inter-universal Teichmüller Theory: A Progress Report”。

② 望月教授和 Saïdi 教授有一个共同的研究课题“远阿贝尔几何学”（日文是“遠アーベル幾何学”，英文是“anabelian geometry”），这个课题在望月教授的新理论中起着极为重要的作用。我们将在第 3 章简要地介绍一下远阿贝尔几何学的基本思想，使一般读者也能有所了解。

经能够引起其强烈的兴趣了。

有了这样一些缘由，许多数学家其实早就知道，望月教授肯定会在某一天把自己的论文发布出来，这是一件完全在预料之内的事情。而且不仅他身边的那些熟悉情况的人知道这一点，至少那些与他的研究领域比较接近的数学家们对此也是毫不感到意外的。

我们接着说事情的后续进展吧。玉川教授在得到望月教授即将发布论文的消息之后，立即把这个消息通过电子邮件告诉了英国诺丁汉大学的 Ivan Fesenko 教授。而据 Fesenko 教授所说，他在收到这一消息后，又马上通过电子邮件把它传递给了他所认识的数十位数学工作者。我们不太清楚玉川教授发给 Fesenko 教授的第一封电子邮件究竟是在望月教授发布论文之前还是之后发出的，但不管怎么说，这两件事情肯定也就相差几个小时的时间。这样看来，望月教授在 8 月 30 日那天要发布论文的消息已经被相当多的专家所知晓了。

在媒体工作者们的博客里，随处可见一些传得神乎其神的故事。比如，望月教授没有跟任何人讲过自己的理论，他一直是默默且孤独地完成了论文的写作。又如，他把那篇论文“悄无声息”地发布在自己的网站上，仿佛是在搞突然袭击一样，尽量不引起任何人的注意，然后就在那里坐等着人们渐渐注意到它。但实际情况则是我们在上面所描述的那个样子。

当然，应该还有很多数学家是通过完全不同的渠道得知这篇论文的。对于这些人来说，望月教授的论文可能就会显得有些突然了。比如说，有一位科学记者就在其博客里讲到了下面这件富有戏剧性的事情[①]，

① “The paradox of the proof”by Caroline Chen.

这件事情发生在望月教授发布其论文 3 天之后的 9 月 2 日，当时，美国威斯康星大学麦迪逊分校的数学教授 Jordan Ellenberg 偶然发现了这篇论文。他是通过谷歌学术网站的自动搜索功能检索到望月教授的这篇论文的。在看到“你可能对此感兴趣”（You might be interested in this）这条自动弹出的信息之后，他在心里默默说道：“是的，谷歌！我确实很感兴趣！”

无论是从哪个途径获知的，在论文发布后的最多一周时间内，世界上的几乎所有数学家都已经知道了望月教授的论文，这是毫无疑问的。而且，他们马上就意识到了这篇论文所具有的重大意义。因为不管怎么说，那里面声称已经解决了 ABC 猜想，这可是数学中的一个非常著名的猜想，而且是公认的解决起来极其困难的猜想。

正因为如此，这件事的影响自然就扩散到了数学工作者的圈子之外，首先把新闻界那些报道数学和科学信息的媒体卷入其中，继而在网上也引发了热烈的讨论。到了 9 月中旬，世界各地的主要媒体都开始报道这一消息。比如《每日电讯报》刊文称“世界上最困难的数学问题被破解了”（World’s Most Complex Mathematical Theory Cracked），《纽约时报》刊文称“数学谜题之一有望取得突破”（A Possible Breakthrough in Explaininga Mathematical Riddle）等，类似的新闻不断涌现，其兴奋之状，令人记忆犹新。在日本也是如此，以 9 月 18 日共同通讯社报道这一消息为开端，各大媒体也都陆续进行了报道。

国家间、星系间、“宇宙”间

望月教授在他的那篇论文中所描述的理论，与往常的数学理论有着根本性的不同。无论是从观察问题的角度，还是从方法论以及基本理念来说，它都是非常新颖的。那么到底有多新颖呢？到底与往常的数学思考方法有着怎样的不同呢？本书的一个重要目的就是使用尽可能简单易懂的方式来对此进行解说。望月教授本人把这个理论命名为“跨视宇 Teichmüller 理论”（日文是“宇宙際 Teichmüller 理論”，英文是“inter-universal Teichmüller theory”）。以下我们常常把它简称为“IUT 理论”。我们不妨在这里简要地解释一下这个名称的由来。首先，这里的 Teichmüller 是一个人名。数学家 Oswald Teichmüller（1913—1943）曾经开创了以他的名字命名的“Teichmüller 理论”，这已经是数学中的一个十分成熟的理论。关于这个理论说了些什么内容，以及它与望月教授的新理论有着怎样的关系，我们在后面还会谈及。

另一方面，“跨视宇”（日文是“宇宙際”，英文“inter-universal”）这个词倒是需要做个更为详细的说明。当我们讨论国家和国家之间的关系或者问题的时候，通常会使用“国家间”或者“国际”（日文是“国際”，英文是“international”）这个词。因而，只要说到“国家间”或者“国际”，就意味着不会仅局限在一国之内，而是要往返于多个国家之间，或者要讨论它们之间的关系。作为一个复合词，它是由表示“之间”的 inter 与表示“国家”的 national 组成的。现在我们把视野扩大一些，就像在科幻小说里所描绘的那样，考虑在星系与星系之间穿梭的情况，那么就可以把 inter 与表示“星系”的 galactic 结合起来，组成“星系间”或者“星系际”（日文是“銀河際”，英文是“inter-galactic”）这个词来表达相应的意思。如果进一步扩大视野的话，那就相当于要考虑在多个宇宙之间穿梭的情况，或者谈论它们之间的关系，这时候我们自然就会想到要使用类似“宇宙间”这样的词[①]。

望月教授给他的理论起名时正是考虑到了上述的理由。只不过这里所说的是数学理论中的事情，因而它与科幻作品或者理论物理中所出现的“平行宇宙”（日文是“並行宇宙”，英文是“parallel-universe”）或者“多重宇宙”（日文是“多世界宇宙”，英文是“multiverse”）没有丝毫的关系。这个话题我们还会在后面更详细地展开讨论，这里暂时只给出下面这个简单的说明。在通常意义下，我们所说的“宇宙”就是指我们生活于其中、对其进行思考、对其进行科学考察等的那个由所有事物以及时空构成的统一体。当然，某些时候我们也会幻想着宇宙之外的事情，或者另一个宇宙的事情。但是对我们来说，这个宇宙确乎就是我们进行所有活动和所有思考的完整舞台，是我们无法设想在它之外还能有什么东西的基本范围，因而它始终是“由所有事物以及时空构成的统一体”。

望月教授现在要把这样的思考方法应用到数学上。也就是说，我们要考虑那个我们在进行数学（思维）活动时所处的“数学统一体”。换句话说，这就是我们通常在数学中进行各种各样计算以及理论证明的基本范围，也是这些活动的总舞台。他把这样一种作为数学统一体的舞台称为“视宇”。

这样一来，他在使用“跨视宇”这个词的时候，就是想要表达下面这层意思，即这种作为数学统一体而展现出来的舞台，也就是上面所说

---

① 在中文里，“宇宙间”这个词通常被理解为“宇宙之中”，而“宇宙際”这个词则又容易被理解为“宇宙的边际”，比较恰当的表达方法是“多个宇宙之间”。由于望月新一所说的“宇宙際”只是某种抽象的数学概念，而非客观意义上的那个宇宙，故我们将按照数学上的含义把“宇宙際”翻译为“跨视宇”。——译者注

的“视宇”，可以有不止一个，而且我们能够在多个这样的“视宇”之间穿梭，并探讨它们之间的关系。这一点，就是IUT理论的基本思路中的一个根本性的新颖之处。

亚历山大·格罗滕迪克
Alexander Grothendieck
（1928—2014）
照片提供者：联合摄影出版社

早在20世纪中叶，亚历山大·格罗滕迪克就已经在数学中引入了“视宇”（视宇 = 视野中的数学“宇宙”，法文原词为univers，日文译成“宇宙”，英文译成universe）①。但是，望月教授在考虑这个概念时引入了许多非常具有独创性的想法，这不仅体现在对于这种数学“宇宙”的理解方式上，也体现在对它的使用方法以及其他一些方面上，同时也

① 这个概念的产生背景是这样的：为了完成韦伊猜想的证明，格罗滕迪克及其学派构建了概形与平展上同调的理论（韦伊很早就指出，证明他的猜想需要使用一种全新的上同调理论），为数论的现代发展奠定了坚实的基础，而且已被成功地用在了证明莫德尔猜想、费马大定理等重要问题中。但在上述理论中必须使用十分巨大的范畴，这就与集合论的公理体系产生了冲突，为此格罗滕迪克专门构思了一套借助视宇的概念来绕开逻辑悖论的方法。简言之，当我们把一个具体的数学对象和与之关联的数学问题放进某个视宇之后，这个视宇对于该问题来说已经显得“包罗万象”了，但它本身又是一个集合，因而这就避免了谈论“所有集合”而导致的矛盾（罗素悖论）。

由此看来，视宇完全是一种抽象化的数学构造，与天文学中所说的宇宙完全不是同一个东西（本书作者也提到了这一点），格罗滕迪克把它称为视宇只是一种比喻，而中文称之为视宇可以避免误解，且与《代数几何学基础》中的用法是一致的。但为了与原著的写作风格保持一致，我们有时也会使用带引号的“宇宙”来表示这个概念。

格罗滕迪克和他的学生写作了多卷本的巨著Éléments de Géométrie Algébrique（EGA）以及他主持的研讨班séminaire de Géométrie Algébrique du Bois uarie（SGA），详细论述了他们在韦伊猜想等方面的工作，其中EGA有中译本《代数几何学基础》（高等教育出版社）。——译者注使得我们对于这个概念的理解变得极其自然。读者朋友在阅读本书的过程中，应该可以逐步了解到这些想法具有怎样的独创性，以及它们是如何根植于自然性的。

来自未来世界的论文

上面还只是对“跨视宇”这个词做了一个相当简略的说明，但已经能够让我们对 IUT 理论所蕴含的崭新内容有了一个初步的理解。而且，正是因为这个理论需要我们从根本上采取一种全新的思考方法，因而即便是对于数学工作者来说，理解它也是一件十分困难的事情。但这并不是因为该理论在技术上有多么困难，而是因为它要求我们拥有一种全新的思维方式，以及一种此前完全没有人使用过的概念体系。

数学工作者就是把数学作为自己的专业的那种人。当然，他们对数学有着比较充分的了解，而且也十分擅长进行数学思考。这么说虽然没有问题，但如果真的遇到了十分新奇的数学理论，他们也并不会比一般人更有“免疫力”。因为这完全是另一个层面的问题。倒不如说，像我们这种普通的数学工作者，从刻苦攻读的学生时代以来，就一直生活在所谓“现代数学”这样一种范式[①]之中，而且，几乎是在无意识的情况下，就把这个范式套用到了各种各样的问题上，并以此为基础来进行思考。我们并没有说这是一件多么糟糕的事情。正是因为有了这样一种范式，才使得数学工作者之间能够建立起许多共同的认知，进而使得数学

① 这里使用的范式（英文是 paradigm）一词是 Thomas Kuhn 在其著作《科学革命的结构》中所使用的术语。它的基本含义是，在某个特定的时代，在科学研究的某些领域里起着支配性作用的那些工作规则、观察角度、理论架构等的统称。

理论上的各种进步和深化得以顺利地展开。因此，选定一种范式，并在其中展开工作，这绝对不是一件坏事。甚至可以这么说，范式这种东西恰恰是我们人类进行认识和理解的底层基础，因而从根本上来看，我们也必须把自己放进某个范式中，才能进行思考。

但是，一旦遇到了像 IUT 理论这样的新事物，如果还是无意识地沉浸在过去熟悉的范式里来思考问题的话，就会完全迷失方向，只剩下困惑不已。这里面当然也有思考的灵活性方面的问题，但更根本的问题在于“还不习惯”。

数学家阅读数学论文的速度肯定要比一般人快得多，解决数学问题的能力也会比一般人强得多。但这也没什么出奇的，因为他们已经习惯了这种思维方式和工作模式，而且是日复一日地重复着同样的做法。基于这个缘故，一旦碰到了自己并不熟悉的问题或者理论，即使是数学家，一开始也会完全不知所措。当然，相较于完全的外行或业余爱好者，数字家可能有着更好的适应能力，但除了这部分优势之外，他们和普通人是站在同一条起跑线上的。所以说，即使是数学工作者，在面对“跨视宇”这种全新的思维方式的时候，肯定也会感到非常困惑。

不对不对，实际上对于他们来说，不必等到“进入”这个新理论，还在“入口处”，这种困惑就已经很强烈了。不管怎么说，望月教授放在自己网站主页上的新论文，其总页数已经超过了 500 页，这可是很长的篇幅。它不是一本 500 页的长篇小说，而是一篇数学论文。而且这篇论文里写的还是一种全新的理论，一种还没有人知道的理论，一种在人类历史上还没有人写过的理论。前面提到过的 Ellenberg 教授曾经这样说起他第一次浏览了这篇论文后的感觉，他说：“读着它的时候，你会觉得仿佛是在读一篇来自未来世界的论文，或者是读一篇来自外太空的论文。”（Looking at it, you feel a bit like you might be reading a paper from the future, or from outer space.）①

也就是说，望月教授的论文从一开始就充斥着各种新概念和新符号。即使是数学工作者也会被这个架势吓得不轻。那么本来对数学公式和数学符号驾轻就熟的数学工作者，为什么也觉得难以应付呢？那是因为，还是那句话，就是还没有看“习惯”。正因为看到的都是全新的东西，感觉很不习惯，所以就对论文里面出现的概念及其相互关系感到难以理解。说得再深一点，就是难以理解它们的底层含义。看着一连串陌生的符号，又无法理解其中的内涵，那就只能把它们当成“死记硬背”的对象了。而且，如果这些死记硬背的东西还在永无休止地延续着，那么数学工作者也会失去最后的耐心，这和普通人是完全一样的。

这还不是全部的问题。望月教授的这篇新论文中所探讨的理论，是建立在他过去所写的多篇论文的基础之上的。这样一来，为了理解他的 IUT 理论，首先必须把他以前写的许多论文都拿来读一下，并且对于其中的内容要有所领会。因此，所需阅读的其他论文的总页数也会在 1000 页以上。由此看来，如果想要认真地钻研 IUT 理论，即使是数学工作者，也必须具有相当大的勇气，否则根本不可能成功。

不过话说回来，如果你处在一种非常优越的环境中，比如就在望月教授的身边，能够与他面对面地讨论问题，那就另当别论了。比起只能从论文或者书本中那些“已经写出来的东西”里获取知识，口头

① “The paradox of the proof”. ——译者注

上的交流无疑是更为有利的，因为在这样的环境中，双方可以互相问答，快速释疑，并通过有效的讨论加深对问题的理解，这在数学领域之内和数学领域之外都是一样的。实际上，除了前面提到过的玉川安骑男教授，我们还可以举出同在京都大学数理解析研究所的星裕一郎（Hoshi Yuichiro）副教授和山下刚（Yamashita Go）讲师等人，在论文发布前后，他们都是望月教授身边的人，因而都非常了解 IUT 理论①。

但是，对于不具备这个条件的数学工作者来说，事情可就很不容易了。对于既没有上面所说的理想环境，手头又有着忙不完的工作的数学家来说，是否还会回归初出茅庐时的心境，从头开始学习一个超过 1000 页的困难理论呢？设想一下，对于超过一定年龄的数学家来说，恐怕是很难提起兴致来做这种事情的。

那么，现在还处在学生阶段的年轻人会想要做这样的事情吗？他们是否会把自己这么宝贵的学习时间奉献给一个尚无定论且前途莫测的理论呢？况且这个理论好像看起来只有屈指可数的几个研究者愿意接受。而刚刚开启研究工作的年轻人首先要考虑的是如何在大学里取得教师的职位，为此就必须尽早得到数学工作者群体对他工作能力的认可。这样看起来，如果一个新奇的东西需要超常的毅力才能学会，而且目前也只得到了少数研究者的认可，那么研究它的风险实在是太大了。

基于上面所说的这些理由，最初在数学工作者的群体中，想要认真地去学习望月教授的研究成果的人应该是不多的。

---

① 除此之外，东京工业大学的田口雄一郎（Taguchi Yuichiro）教授也是一位对望月教授的理论有充分理解的人，他还是 IUT 理论研讨会的组委会成员。

数学界的反应

通常，在数学领域中一旦出现了某个新的重大成果，很多人都会表现出对它的兴趣，即使我们把那些还过于年少或者已经退休的人排除在外，在年轻的研究者以及中年的骨干人物里，都会出现不少想要认真学习和理解该成果的人。比如说，我们在法尔廷斯解决莫德尔猜想的时候就看到过这种情况，而在怀尔斯解决费马大定理的时候也是如此。

这其中，怀尔斯解决费马大定理这件事是非常有名的，英国广播公司（BBC）还专门制作了讲述这个历程的电视节目，该节目在日本也播出过，很多读者应该都还记得。（关于费马大定理，对此还不太了解的读者可以参看方框里的小短文“费马大定理”，那里给出了简要的介绍。）相比之下，法尔廷斯解决莫德尔猜想这件事可能还不太为公众所知。但是这件事在数学工作者的圈子里也是一个非常有影响力的事件。（关于莫德尔猜想，我们会在第 3 章做简要的介绍。）

皮埃尔·德·费马

Pierre de Fermat

（1601—1665）

不管具体情况如何，每当数学界发生这种程度的“事件”时，专业研究者们肯定会很认真地对此展开讨论，这是雷打不动的。但是，这一次的情况就有点不同了。论文发布之后，又过了几个月的时间，从年轻的研究者到资深的大学教授，很多正在研读望月教授新论文的数学工作者渐渐开始停下脚步，不再试图理解其中的含义。

费马大定理

在公元 3 世纪前后，古希腊数学家丢番图（Diophantus）写出了一本长达 13 卷的巨著《算术》(*Arithmetica*)。到了 17 世纪，该书已经有了拉丁语译本，费马在读到讨论毕达哥拉斯三元数组（见第 3 章“有效莫德尔猜想”中对毕达哥拉斯三元数组的介绍）的那个段落时，顺手在页边写下了这样一段文字：“把一个立方数分解成两个立方数的和是不可能的，同样，把一个四次方数分解成两个四次方数的和也是不可能的，更一般地，把任何一个高次方数分解成两个同次方数的和都是不可能的。我发现了这件事情的一个绝妙的证明，但这里的空白太狭窄了，写不下。”费马在这里说了这样一个命题，即对于给定的自然数 n，当 $n \geqslant 3$ 时，满足

$$x^n + y^n = z^n$$

的自然数组 (x, y, z) 是不存在的，而且他明确地说了他知道怎么证明这件事。费马写过很多这样的边注，这些结论经过他本人以及后来的许多数学家的研究，陆续得到了某种形式的确认，唯有上面这件事一直没有得到证明，也没有被推翻，因而获得了“费马的最后一个定理”这样的名称（中文里一般简称为“费马大定理”）。虽然大家一直把它称为“定理”，但只有到了 1994 年，通过怀尔斯的证明，它才最终成为定理，而这时，距离费马写下这个边注已经过了 350 年之久。

在论文刚刚发布出来的时候，数学工作者通过社交网络和个人博客等传递着表达惊讶和兴奋心情的热烈文字，但过了一段时间之后，这种热度就慢慢降下来。而且，在数学工作者们逐渐回过神来以后，其接下来的话语里就不再是清一色的“欢迎”语气，而开始夹杂着怀疑和不信任的语气，这种复杂的状况就是现在的实情。真可以用“跨视宇 T 冲击”这样的词语来描述整个事件了。总之，在距离望月教授发布论文一段时间以后，数学界开始出现了各种各样的反应。而且，其中有很多看法和意见都是不太友好的。

相当多的数学工作者不再那么热心，开始与望月教授的理论保持一定的距离。还记得在论文发布之前，每当有传言说，望月教授正在构建一个庞大的理论，能够一并给出 ABC 猜想的解决方案，这时候都会有不少人表现出强烈的期待和兴奋之情。然而论文发布出来后不久，情况似乎开始缓慢地发生了变化。一谈起 IUT 理论的话题，有些人就会皱起眉头，一脸的疑惑。那意思就像是说“要是这件事的话，我就没什么可说的了”。很多时候，这个话题都会令人敬而远之。在研讨会上，在晚宴之类的场合，研究者们围着桌子闲谈时偶尔也会聊到 IUT 理论的后续发展这样的话题，这时候，他们说话的基本论调一般都是不耐烦、无所谓、不相信这类的意思。

通常来说，数学中的那些大理论大致都会经过许多个发展阶段，由浅入深、循序渐进地得以最终完成。这就好比由多位专业的研究者共同参与的一场竞赛。他们每个人都会一点一点提出自己的新想法，并把它写成论文。然后，其他的研究者又会在这个基础上提出下一步的想法，如此层层递进。直到有一天，在这些研究者中有一个人实现了最终的突破，从而使问题得以解决。这是数学理论逐渐发展成型的一个典型的过程。在这样一种状况下，一个理论在其发展过程中就已经融汇了多位研究者的观念和想法，因而最终完成的理论一面世就比较容易被同一专业的研究者们所接受，因为这是有共识作为基础的。

当然，什么事情都有例外。怀尔斯通过部分解决谷山 - 志村定理[①]而最终证明了著名的费马大定理。据他所说，自己在 7 年时间里没有跟任何人说起过这个问题，完全是独自一人把这个理论建立起来的。因而在这个特例中，从怀尔斯公布自己的证明，到数学界逐步消化吸收并最终理解它，确实经过了相当长的一段时间。不过非常重要的一点是，后来怀尔斯自己利用各种机会讲述自己这个理论的梗概，有时还会详细解释其中的若干细节，这对于数学家们理解它也提供了很大的帮助。

安德鲁・怀尔斯（1953—　）

Andrew Wiles

照片提供者：AP/ アフロ

前面已经说过，口头讨论这种形式是一个非常有用的方法，因为通过提问和回答的交流方式，至少能够对问题的全貌有一个概略性的掌握。通过把口头上的双向交流和对论文的仔细阅读两方面的努力很好地结合起来，理解怀尔斯理论的人越来越多。这些已经理解了该理论的人接下来又会使用自己的语言来讲述怀尔斯的理论。和作为该理论鼻祖的怀尔斯不同，他们还会从另外的角度对这个理论进行分析

① 谷山 - 志村猜想 (Shimura-Taniyama conjecture) 是一个关于椭圆曲线的极为深刻的猜想。（我们将在第 2 章对椭圆曲线做一个非常简单的介绍。）早在 20 世纪 80 年代，大家已经知道，只要证明了这个猜想，费马大定理就能得到证明。

和说明，这样就可以与处在核心专家集团的外围的一批更广大的听众实现对话和交流。以这样的方式，在经历了几个发展阶段之后，怀尔斯的证明就成了很多人的共同知识。

人们常常会把望月教授发布此论文的情况与怀尔斯的情况进行比较。确实，在那些并不了解望月教授最近的研究情况的数学家看来，望月教授好像也是在很多年的时间里独自一人构思着他的理论，没有跟任何人交流过。但是，我们在前面已经根据实际情况做了说明，他绝对不是一个人躲在暗处秘密地构思着他的理论。一直以来，他都在向自己身边的同事们讲述着该理论的进展。而且前面也说到过，在正式发布论文的两年之前，也就是 2010 年，他还在国际性的研讨会上做过关于论文概要的报告。因此，望月教授的这个理论出现时的情况与怀尔斯理论出现时的情况并不相同。

共通的语言

望月教授的理论与怀尔斯的理论还有着更本质的差别。从根本上说，在解决费马大定理的过程中，怀尔斯是在通常的数学框架中，使用通常的数学语言构建了他的理论。但 IUT 理论的情况则完全不同，它与现有的数学体系无论是在基本的思考方法上还是在所使用的语言上都大相径庭。

为了不再引发什么新的误解，我们必须强调一点，即这种差别与理论的优劣或者价值之类的问题完全没有关系。如果非要做一个与价值判断相关的陈述的话，我们只能说，这两个理论都是极其深刻且极其精彩的。而且，由于这两个理论在问题背景、基本出发点、原始框架等方面都截然不同，因而完全不能拿来进行比较。

对于“理论的价值”这种高深莫测的问题，我们不想了解，那么能不能请你至少先来比较一下这两个理论在数学上所起作用的大小呢？读者朋友大概也会提出这样的要求。说起来，在这样的提问方式是否真的合适，以及作用的大小究竟应该如何衡量等方面，其实还有太多容易产生争议的问题。比如，你可以说怀尔斯的理论是用来解决费马大定理的，IUT 理论是用来解决 ABC 猜想的，这样的说法确实给人一种一目了然的感觉，但也是极为片面的理解。

话虽这么说，但我们不妨先采纳这样一种简单明了的观点，尽管它很片面。也就是说，我们先暂时接受这样一种解释，即怀尔斯的理论就是用来解决费马大定理的，而 IUT 理论就是用来解决 ABC 猜想的。即便如此，我们还是不能简单地把两者拿来进行比较。这又是为什么呢？因为我们还可以追问下面这个问题，即为了解决 ABC 猜想，IUT 理论就真的是必不可少的吗？

毫无疑问，对于望月教授来说，构建 IUT 理论的一个重要的源动力就是解决 ABC 猜想。但我们的基本想法是，IUT 理论本身是一个独立的理论体系，需要单独进行考察，至于它在 ABC 猜想上的应用，那是另一个话题，两者应该分开考虑。

追本溯源的话，如果只是为了解决 ABC 猜想，说不定根本就不需要去构筑一个像 IUT 理论那样庞大的“建筑物”。没准儿在将来的某一天，有个人就在现有的数学框架内找出了一个非常聪明的方法，利用它就可以干净、漂亮地解决 ABC 猜想，这种事情并不是完全不可能发生的。因此，即使我们只从解决现有数学中的问题这个角度出发，把望月教授的理论与怀尔斯的理论进行比较，询问两者哪个的价值更高，这样的比较方式也不太有意义。

不管怎么说，基于上面那些理由，使用某种简单的价值标准来比较怀尔斯的理论和望月教授的理论是毫无意义的。但是，我们在上面曾提到一个重要事实，即前者是通常的数学框架中的理论，而后者则完全不是，这件事具有决定性的意义。简而言之，这个差别的根源就在于语言的不同。也就是说，望月教授在构建他的理论时，使用了一种此前完全没有人使用过的新语言。这是在告诉我们，他的想法是如此地新颖，以至于仅使用现有的数学语言根本没有办法表达。正因为如此，他就必须在其论文的开头部分首先解释一下这套新的语言。这同样也是他的论文最终拥有超过 500 页的巨大篇幅，以及为了理解它就必须先去阅读他以前的许多论文的一个原因。

但问题还不只是这些，由于这篇论文是使用一种全新的语言写出来的，这就意味着要想把这个理论传播到全世界，所要使用的交流方式也必须是一种与往常完全不同的新方式。在通常的情况下，不管是多么新的想法或者理论，只要它使用的语言是世界各地的数学家们正在使用的那种共通的语言，就可以立即开始与其他研究者进行沟通。当然，对于新理论的消化和吸收总归是要花费一些时间和精力的。但是，为了让这样的想法和理论被世界各地的数学家们所理解，并得到广泛传播，只需采用通常所使用的那些沟通交流的方式和工具即可，这是完全没有问题的。

所谓“通常的交流手段”，也就是数学工作者经常采用的讨论班形式的学习集会以及研讨会上的报告等。当然，如果出现了一种新的理论，那么在相关的论文发表以后，对于想要理解它的人们来说，首先应该做的事情就是阅读该论文，这是不言而喻的。只要花上足够的时间来细细地阅读论文，基本上每个人都能够逐步地理解其中的理论，而且论文这种东西本来就是为了这样的目的而写出来的。

不过我们在前面也说过，除了一个人坐下来耐心地阅读论文之外，还有其他一些办法，比如与构建该理论的人或者对该理论已经有充分理解的人进行口头上的交流，也是一种非常有效的提升理解程度的方式。这就是通过学习型讨论班或者研讨会上的报告想要达到的效果。当新的理论和想法出现的时候，在很多情况下，数学工作者就是通过把阅读论文和听报告及私下讨论等口头交流方式有机地结合起来，逐步加深对于新理论的理解。这样做的另一个效果是，对新理论达成理解的人群也会持续地扩大。

然而，对于现在这个 IUT 理论来说，上面所说的那些“通常的交流手段”显然是不能直接使用的，这是因为，它根本就不能用通常的“数学语言”来讨论。既然该理论所使用的语言是不同的，那就必须从作为会话基础的语言部分以及最基本的思考模式这样的层面开始谈起。用浅显易懂的话来说，这就像两个使用不同语言的人想要对话一样，总得先想点办法把沟通渠道建立起来才行。

这样看来，直接把望月教授请来做个报告，不管三七二十一先了解一下理论的概貌吧！这样的想法肯定不是什么好主意。如果一个小时的报告不够的话，那就两个小时，再不然 3 个小时？根本不是这样的问题。因为在组织报告或者讨论班之前，必须把作为沟通渠道的那种共通的语言先建立起来。

沟通的基本范式

这里可能就有人要提出反对意见了：“只要讲个大概就行，粗略一点也没有关系，这不就是报告这种方式存在的意义吗？”实际上，有这样的反对意见并不奇怪，如果一个人还完全不知道 IUT 理论是个什么东西，但又很想尽快地对它有个了解，那么他多少都会倾向于这么解决问题。但是，从 IUT 理论的根本特性来说，这种通过报告来“粗略地讲个大概”的方式，可能并不会达到我们通常所期待的那个效果。

当然，即使是 IUT 理论这种非常新奇的理论，如果只是想要把它勉强翻译成通常的语言，然后对它的大概情况做一番说明的话，那么也是可以采用报告这种方式的。但是这样一来，这种报告的内容恐怕就会流于空泛的哲学思辨，基本上就不能算是有数学意义的东西了。

不仅如此，像 IUT 理论这种过于新奇且和以往所见截然不同的理论，要想把它翻译成通常的语言，很多时候也只能通过取巧式的比喻来解释其中的词汇和概念。也就是说，我们只能郑重其事地使用那些听起来有些异想天开的科幻用语来陈述事情，比如使用“宇宙间的航行”或者“不同宇宙之间的通信”等说法。在面向大众的科普讲座上，用这种方法来解释 IUT 理论确实会有不错的效果，但是如果把它用在专业数学研究者云集的研讨会上，会有什么后果呢？

数学工作者（虽然不同的人也会略有差异）一般更喜欢那种使用正确且严格的语言所给出的说明，而且最好还要具有尽可能高的涵盖性。对于他们来说，“正确”这个词的意思就是“已经得到了证明”。而且，在这个证明的任何一个步骤里都不能有“漏洞”，也就是说，不能有逻辑上的跳跃。而要判断一个证明里是否存在漏洞，最终的判断标准是在每个人的头脑里的。所以说，在一个数学工作者的眼里，只有当一个证明已经消除了所有漏洞，达到了滴水不漏的程度时，事情才算是圆满完成了。

当然，只是听了一个小时左右的报告，不可能把证明中的所有细节都了解得那么彻底。这一点数学工作者也十分清楚。因此，他们通常会通过听报告之类的口头交流方式来获取对证明的总体轮廓的一个大致理解，然后通过阅读论文等方式来检验那些细节。

说到“对证明的总体轮廓的大致理解”，这件事实际上是需要具备非常专业的技能才做得到的。而且，这种程度的专业技能也是对主讲者的要求。只有在主讲者和听众两个方面都能够借助行业术语或者专业工作者所使用的特殊词汇来进行互动的情况下，才有可能在较短的时间内最大限度地传递信息。

对于那些想把数学作为终身职业的年轻研究者来说，不仅要系统地学习现代意义的数学理论，还必须掌握上面所说的这种技能。我自己在年轻的时候，也不停地在日本和海外的研讨会上听各种各样的报告，有时自己也去做报告，但是回想起来，最初那段时间里我还没有充分地掌握这项技能，所以很多事情都进行得不太顺利。在你还没有习惯这些做法的时候，即使听了别人的报告，也很难在短时间内勾勒出理论的基本轮廓。既然说到这是一种工作上的技能，那么我想这应该并不仅仅限于数学这个领域，而是在任何一个领域里都如此。数学工作者也不是只擅长数学就可以了，还要掌握一些专业性的“沟通技能”，以便在数学界这个社交圈子里与他人交流信息。而且，这样的技能并不是只要哪个人告诉你或者教给你之后就可以掌握的，而是那种必须要通过亲身经验的累积才能够逐渐体会和领悟到的。如此说来，那些已经彻底融入数学这个社交圈子中的普通数学工作者可能自己都没有意识到，像是做报告或者在讨论班里口头宣讲之类的交流活动的那个现场，对于外行来说俨然已经是一个封闭的空间了。我们并不能说这是一件很糟糕的事情。因为正是有了这样一个需要高度专业化的知识和技能的封闭空间，才使得数学工作者在共享“正确的知识”的过程中更有效率，且能做到准确无误。从这个意义上说，口头上的这种交流也是有某种“范式”或者“模式”的。这样一来，和我们在一般意义下所说的那种范式概念一样，它确实有存在的必要，但同时也有可能对新事物的诞生造成障碍。

把加法和乘法分开

在上面这些观察的基础上，我们回头看一看前面所说的那个反对意见，即针对 IUT 理论，是不是也能说：“只要讲个大概就行，粗略一点也没有关系，这不就是报告这种方式存在的意义吗?”IUT 理论是非常新的理论，它是建立在一种完全新奇的思考模式之上的理论。因此，目前还找不到一种适当的“沟通范式”来对它做出有效的解说。正因为这样，如果非要把它套进用现有的交流手段所设置的框架里，无论怎么努力都会制造出许多歪曲和无法协调一致的地方。这是因为能够精确地表述这个理论的那一套语言体系还没有被很多人所共同掌握，如果在这种状态下硬要开始讨论该理论的话，就会使数学所要求的严密性几乎丧失殆尽。取而代之的是，我们就不得不借用许多异想天开的比喻来进行表达，让人觉得这根本不是在讨论数学。这样一来，恐怕听众就会以为这是一种类似于科幻故事的东西。数学工作者要是听了这样一套说辞，他们又会怎么想呢?

当然，虽然这也是因人而异的，但一般来说，数学工作者并不喜欢这种“异常玄妙”的说话方式。举例来说，在 IUT 理论中经常会出现这样一个短句——“把加法和乘法分开”。虽然这个短句并没有显得那么科幻，但不仅一般的社会大众不知道它在说什么，就连普通的数学工作者也会觉得它实在是难以理解。

实际上，这一类型的短句能够表达出 IUT 理论的很多方面的内涵。因为从某种意义上来说，上面这个短句已经揭示了 IUT 理论的精髓之一。但是，这种让人感到有点异想天开的短句对于第一次听到它的人来说，多少会觉得这不像是在认真地讨论数学话题，而在数学工作者当中，对它们感到无法接受的人也不在少数。在我所接触过的那些来自欧美的数学家当中，在面对 IUT 理论中的这些"异常玄妙"的短句的时候，有相当多的人会明确地表现出反感和厌恶。

从实际角度来说，对于"把加法和乘法分开"这个短句，如果要给出它在数学上的理解方式，并且补上所有的技术细节，那就需要做出极大的努力，这件事非常重要。从某种意义上说，一旦做到了这一点，我们对于 IUT 理论的主体部分的理解已经在很大程度上完成。但是，在仅仅听了一个小时左右的简短报告之后，绝大多数的数学工作者会对这个短句产生强烈的排斥，这几乎是必然的，因为他们会觉得这样的短句是在不经意间顺口说出来的闲话。而且，一旦在心里有了这种排斥的感觉，再要耐着性子坐下来阅读论文，恐怕基本上没有可能了。

当然，在数学工作者的研讨会上，也没有必要总使用这么随意的短句，可以选择那些更专业的表达方式。比如，换成下面这种说法（这里出现了一些专业术语，请不要过于在意）："Θ 纽带可以只使用乘法单演和作为抽象群的局部伽罗瓦群构造出来，从这种"单演 + 群"的二元系统出发又可以把"加法"复原出来。更确切地说，我们需要对复原过程中究竟产生了多大程度的偏差做一个计算，这就是整个理论的一个要点。"

这种说明方法，望月教授本人也已经在很多不同的场合采用过了。这种说明方法本身其实是能够在现有的数学框架内（比如在远阿贝尔几何学等框架内）解释清楚的。因而我们可以说，它并不是比喻，而是一个有着十足的数学意义的理论陈述。更何况，它也不是那种“异常玄妙”的语言。然而，即便如此，实际情况却是，连这样的说明方法都迟迟得不到数学界的接受。

不管怎么说，在这个某种程度上已经固定化了的行业术语和沟通模式的框架内，像 IUT 理论这样具有高度新奇性的理论，要被接受总会遇到相当程度的困难。不仅如此，对于 IUT 理论的传播来说，普通意义下的报告，也就是通常范式下的交流手段，不仅难以产生理想的效果，反而有可能会适得其反。

“来自跨视宇 Teichmüller 理论的邀请”

因此，就 IUT 理论而言，要让世界各地的数学工作者理解它，“最好的交流手段”到底是怎样的呢？这是一个十分困难的问题。像通常那样组织报告看起来也不是那么有效。不仅如此，贸然采用普通的做法来进行交流的话，甚至有可能使更多的数学工作者对它产生排斥。

在望月教授刚刚把论文发布出来，还有许多数学工作者对此感兴趣的时候，他收到过来自世界各地的许多大学及研究机构的邀请函，请他本人去做访问，并在讨论班或者研讨会上做报告。那时，他拒绝了许多这种形式的邀请。考虑到我们在前面所看到的那些情况，这样做也是可以理解的。但是，被拒绝的那一方并不知道有这样的原因，因而他们会觉得非常奇怪。一段时间之后，国外的数学工作者渐渐地出现这样一些反应:“望月并不想向我们解释他的理论”“望月为什么是这样的态度,简直不能理解”等。

其实,望月教授也并不是完全拒绝了在讨论班或者研讨会上做报告。稍微看一下他的网站主页就会发现,自论文发布以来,只算那些和 IUT 理论有关的报告,他就已经至少做了 5 次了。再加上我们在前面已经说过的,论文发布前的 2010 年 10 月,他还在国际研讨会上做过一个小时的报告。这样一些事情,也是有必要作为基本事实纳入记忆中的。从这个意义上说,在构建这个新理论的过程中,他不但很早就做了关于其内容概要的报告,而且在论文写好并发布以后,他又以一定的频率持续地向外界讲解着其中的内容,这些围绕着 IUT 理论的活动完全可以说明,他的做法与数学工作者通常的做法并没有本质上的区别。如果非要找出一点不同的话,那就是这些报告不得不停留在只是介绍理论的概要这个阶段上。望月教授的报告题目总是一成不变的“来自跨视宇 Teichmüller 理论的邀请”(日文是“宇宙際 Teichmüller 理論への誘い”)。

但这里又会出现一种新的反对意见:“那么,望月为什么一直以来只在日本做报告,而把来自欧美等海外的报告邀请都拒绝了呢?”的确如此,他做报告的地点都选在了东京大学、京都大学、熊本大学等地,海外的大学或者研究机构完全没有去过。自 IUT 理论的论文发布以来,世界各地有很多大学和研究机构邀请他去讲讲自己的理论,但是他基本上回绝了这样的邀请。他给出的理由是,要想在短短几个小时的时间里,做出让听众能够真正明白的解说,是不可能的事情。鉴于前面所陈述的那些情况,这个解释在一定程度上是可以接受的。但是,正如刚才说过的那样,对于海外的很多数学工作者来说,这简直就是“莫名其妙”的说法。

此外，自 IUT 理论问世以来，海外也举办过关于 IUT 理论的研讨会。比如说，2015 年 12 月，英国牛津大学就举办了 IUT 理论的研讨会[①]，他也在京都通过 Skype 参加了这个活动，只是没有直接前往当地而已。都已经在日本做过报告了，为什么就不能接受海外的报告邀请呢？在此之前，为什么他也是那么地不想出国呢？

首先我们想说明一下，这并不是因为语言上的问题。望月教授从少年时代开始就是在美国长大的，从高中到大学，直到获得博士学位为止，他都是在美国接受的教育。因此，他能够非常熟练地使用英语。也就是说，原因并不是出在语言上。

那么，是不是有其他的什么原因呢？前面提到的那种比较激烈的反应，就是由这样的实际状况所引起的，这一点许多欧美数学家们也都意识到了。我所认识的许多数学工作者确实都讲到过这个事情，对他们来说，这个事情似乎也是对望月教授产生不信任感的源头。

有人认为望月教授之所以不愿意在国外做报告，是因为他的性格比较内向，这恐怕不是正确的答案。实际上，这样的事情很难有什么唯一正确的答案，可以想到的理由也是多种多样的，其中一个便是下面这个理由。这是他自己屡屡在闲聊时提到过的，他这个人在旅行或者国际交流之类的事情上会比别人有强烈的不适感，而且这和他在美国的长期生活经历也有着很深的关系，虽然这主要跟个人经历有关，但也关联着某些普遍性的问题。关于这一点，感兴趣的读者不妨直接读一读他在博客上所讲的一些事情[②]。

---

① Oxford Workshop on IUT Theory of Shinichi Mochizuki，2015 年 12 月 7 日至 11 日。

② 『新一の「心の一票」』。

不过，即便有这一类的事情，那也不能算是“深层的原因”，在说这个深层原因之前，关于望月教授发布论文之后的活动，我们还有必要厘清几个相关的客观事实。

最佳沟通方式

我们经常会听到这样一些说法，比如，望月教授在把他的理论写成论文以后，就从容不迫地坐在那里静等着其他数学家发现这篇文章，然后阅读它；又如，他对于向全世界介绍他的理论这样的活动是毫不热心的；等等。而且，似乎有很多数学工作者和新闻工作者也是这么认为的。但实际情况是，为了让更多的人了解他的理论，他已经投入了非常多的时间和精力。

乍看起来，好像就连普通的数学工作者都会付出的努力他都没有做到（特别是海外的数学家们更会有这种感觉），也就是说，表面上似乎没做什么事情，但实际上却投入了大量的时间和精力，导致这种奇怪现象的原因到底是什么呢？我们在前面已经陆续说了很多事情，从中也可以推测出原因，那就是，他不得不采用一种与一般的交流方法完全不同的方法，并把它作为“最佳沟通方式”。

那么，望月教授所采用的沟通方式又是怎样的呢？当然，应该也并不是只有一种方式。但可以肯定的是，其沟通方式绝对不是仅仅使用通常的“做报告”那种形式。他尤其重视的是这样一种沟通方式，即通过两个人或者少数几个人长期持续不断的双向探讨来增进对问题的理解。

请诸位回忆一下。我们在前面已经提到过，当一个人身处一种能够进行口头交流并且能实时得到反馈的环境中的时候，不管是多么新奇的理论，他都能够更加顺利地获得较为深入的理解。而实际情况是，还在IUT理论处于未定型阶段的时候，望月教授身边的那些人就已经非常了解他的理论了。除此之外，还有另外一些沟通方式，举例来说，有很多人是在阅读了他的论文之后，直接找他交谈，对论文的内容提了很多问题，对此他也都一一予以回答。

前面已经提到，牛津大学的那次研讨会他是通过Skype参加的，当时他所做的事情就是，参与专门开设的与参会者之间的答问环节。这种做法完全就是把上述所说的那种沟通方式直接应用到了这个场合。从这个意义上说，他的做法也是前后一致的。

不管怎么说，在理解IUT理论这件事情上，由于它的这种新奇性，像往常那样听一听概述性的报告就差不多了的这种想法是不行的，因为IUT理论根本不是这一类的东西。但是，对于那些想要理解它的人，通过口头上的双向交流的不断积累，逐步把理解引向正确的方向，这样一种做法应该是能够取得良好效果的。正如我们在前面说过的那样，数学工作者其实也和普通人一样，在面对全新的事物时并没有什么“免疫力”。所以，通过一个人独自阅读论文来尝试理解IUT理论，无论如何也很难摘掉现有的数学范式这样一副有色眼镜。在这种情况下，能够提供某种帮助的方法就是那种通过提问和讨论展开的双向沟通方式。

所以，只要遇到有人问起和那篇论文有关的数学问题，望月教授总是真诚地做出回应。从这个意义上说，他其实一直是对外界持开放态度的。以这种方式与他进行单独对话的人非常多，其中不仅有日本人，还有许多海外的研究者。这些人有时候也会直接来京都找望月教授，当面进行讨论和问答。在另外一些时候，他们就在自己的国家里通过Skype

与望月教授保持着联系。

当然，这种做法也是有很大问题的。因为这需要花费大量的时间和精力。每一次的 Skype 讨论会持续多长时间虽然也是视情况而定的，但长达几个小时也是常有的事。花了几个小时却只能和一个人完成交流，这样一来，如果想要让更多的人了解 IUT 理论的精髓的话，随着人数的不断增加，就需要花费越来越多的时间和精力。

从某种意义上说，这是一种效率非常低下的方法。之所以不得不采取这样的方法，主要原因也在于，IUT 理论与现有数学的语言体系和框架完全处于不同的维度。这应该也是采取上述做法的根本原因。在我看来，望月教授为了能让理解 IUT 理论的人越来越多，也只好先采取这样的方法了。

举个不太恰当的例子，想象一下某个外星人来到了地球，而且他只会说外星的语言，这也许有助于理解我们现在所处的状况。这么一个外星人如果有一天开始在一大批地球人面前即兴发表讲话，那么肯定谁也听不懂他在说什么，而且这样的事情不管重复多少遍，也不大可能有任何进展。但是，如果这时候有一个地球人站了出来，希望能够多少理解一下这个外星人所说的话，那么在他们相处了足够长的一段时间以后，通过一点一滴地积累意念相通之处，应该就能够一步一步地持续加深双方的理解。我是不太愿意把望月教授比喻成外星人的（事实上，在后面的章节里我们会看到，作为普通人，他其实是一个很有魅力的人），但是他在数学界所引发的这样一种状况，看起来跟上述状况还真是有点类似。

IUT 理论的语言

我们来稍微整理一下此前说过的一些事情。

· IUT 理论是在一个全新的框架里使用全新的语言和概念体系建构起来的理论，它是无法在通常的数学范式里进行解释和说明的。因而，要想让世界各地的数学家理解这个理论，就需要一种与通常的做法完全不同的沟通方式。

· 实际上，如果使用通常的交流手段中的做报告或者讨论班宣讲等方法，那么由于语言体系本来就不同，因而根本做不到像往常那样直接展开讨论。不仅如此，你越是想要努力靠近现有的数学语言，就越有可能编造出一些让人觉得异想天开的用词，徒然使更多的人对这个理论产生排斥。

· 因此，我们不能完全依赖于做报告或者讨论班宣讲这种通常的交流手段，而要积极地组织两个人或者少数几个人之间的双向对话形式的交流活动，通过坚持不懈的努力，一点一点地使能够理解该理论的人数增加、范围增大，这应该是目前看来最好的方法。

正因为如此，与其在世界各地飞来飞去，不如就待在京都，广泛地接纳来自世界各地的访问者，同时也通过 Skype 等方式与世界各地的提问者进行沟通，这应该就是望月教授坚持采用这样一套做法的根本原因吧。事实上，考虑到上面所陈述的那些情况，我们会觉得他的这种做法具有相当大的合理性，是比较令人信服的。

关于最后一点，我们再多说几句。望月教授在论文发布以后，并不是完全没有做过报告，这件事还是有必要补充说明一下的。事实上，正如前面所说的那样，他在东京大学、京都大学、熊本大学等处都做过报告。不过这几次报告都是他在确认了下面这个情况之后才去做的，也就是在事先预想的听众里面，至少有几个人是已经在某种程度上掌握了 IUT 理论的“语言”的，这样就不会出现像刚才的例子中所说的那种情况，即“外星人面对着由地球人所组成的听众”这种语言完全不能相通的情况。因而可以说，选在这些大学做报告就是因为那里有“语言相通”的听众（至少有那么几个人）。这一点非常重要，而碰巧这几个地方也都满足了这个条件。

之前，我们曾经提到过一种针对望月教授的反对意见：“那么，望月为什么一直以来只在日本做报告，而把来自欧美等海外的报告邀请都拒绝了呢?”这也是海外的许多数学工作者对他抱有怀疑和不满的典型表现，而他之所以如此，其背后的原因就在于 IUT 理论有着独特的语言体系。简单来说，如果把一种具有完全不同的语言体系和概念体系的理论贸然讲给陌生人群听，那就很有可能产生反效果。在日本，目前已经有这样几个地方，那里的听众对于这个语言体系多少有所了解，但在海外暂时还找不到这样的地方，应该就是这么一种原因吧。之所以在日本这种地方比较多，当然也是因为望月教授是日本人，而且是一个在日本非常活跃的数学家，这一点肯定也有很大的影响。相信随着时间的推移，当他的努力逐渐开花结果，有更多的人能够运用“IUT 理论的语言”进行数学活动的时候，这种能够聚集起很多“语言相通”的听众的地方不仅会出现在日本，而且会出现在世界各地。

第②章 数学工作者在做什么

为什么在数学里可以不断做出新的事情?

在第 1 章里，对于 IUT 理论的传播和普及的相关情况，我们已经尽最大努力按照实际情况做了一番描述。不过在数学工作者的世界里，说到怎样才能使自己的理论和想法在世界范围内被大家所知道，被大家所理解，被大家所认可？还有一个更为根本性的问题，即数学工作者的世界到底是个怎样的世界？对于这样一些十分基本的情况，我们好像说得还不够清楚，所以在这里，让我们来转换一下心情，先来谈一谈数学中的一个新理论从它出现到被数学工作者圈子所接受一般要经历一个怎样的过程。为此，我们就有必要简单地说明一下，在数学中做出新的工作或者产生新的想法到底是怎么一回事？关于像这样的一些事情，我们希望通过这样的说明，使得那些对数学领域不太熟悉的普通人也能够对数学这个学术世界、世界数学界中的标准，以及这个圈子本身的基本存在状态等多少有一些了解。

那么，在数学的世界里，所谓“做出新的事情”到底是指什么样的事情呢？对于任何一个数学工作者来说，这样一个问题大概都会被问到过一次，抱有这个疑问的人应该是很多的。我自己在和普通人谈论数学方面的话题时，常常也会被问到这种类型的问题。我们将在后面的章节中看到关于“学校里教的数学”和“研究中的数学”这两者之间的区别。爱德华·弗伦克尔通过拼图板的比喻对此做了很巧妙的说明，对于在数学中“做出新的事情”到底是怎么一件事这个问题，从这个比喻性说明来看的话，也能大概得到某种感觉。

但是，在此之前，我们还必须先来回答一个更为根本性的问题，那就是“为什么在数学上做出新的事情是可能的?”。实际上，许多人在向数学工作者提出前面那类问题的时候，他们心里的真实感觉其实是，“在今天这个时代，在数学里还能做出什么新的东西吗?”。

很多人在初中和高中阶段就已经被数学折磨得够呛，而到了大学阶段，对于某些人来说，数学简直就是个让人痛不欲生的学科。不过另一方面，有些人却十分喜爱数学，并且能够在数学的学习中体会到很多乐趣，这样的人也不在少数。不管是哪种情况，对于大多数人来说，数学给人的感觉通常就是“已经完全成熟了”。就拿三角函数、向量、微积分等来说吧，古代的人知不知道这些东西，我们暂且不去深究，但对于我们这些现代人来说，它们是为了阐明自然和宇宙的真理而发现或发明的。也就是说，它们被刻在自然和宇宙的真理中，它们就像自然和宇宙本身一样已经建成了，正因如此，才有了它们就是无可非议、无可挑剔、完美无暇的知识的感觉。甚至那些不喜欢数学的人也会有这样的感觉。要说数学其实还很不完善，是一门具有很大发展空间的学问，恐怕很多人绝对不会这么想。

但数学确实不是一门“已经完成了的学问”。当然，数学是一门已经存在了几千年的古老学问，因而可以说，它作为一门学问的成熟度是非常高的。比如说，在古代巴比伦的黏土板上，我们就发现了一套非常先进和精确的数学知识[①]，那些可都是距今约 4000 年前的东西了，看到这些材料，不仅是普通人，就连作为数学工作者的我们都会非常吃惊。从数学的漫长历史来看，可以明确的是，这些知识并不是直线式地连续发展起来的，其中有许多部分都曾经一度衰落或者被遗忘，然后被重新发现，它们走过了一条曲折而复杂的道路。不过总的来说，数学在人类各种各样的文明发展史当中，仍然可以算是一门不断更新、不断进步的学问。从这个意义上来说，毋庸置疑，数学就是一门历史悠久、深邃、成熟的学问。

然而，即便是这样，数学也一直不是完美的。就拿现代数学来说，尽管已经发展到了如此的高度，内容极其精深，我们也绝对不能说，它达到了尽善尽美的程度。实际上，它一直是对新的发展保持开放的。

数学永远不会有所谓的“完成”或“结束”的时刻，它始终以不完美的状态而存在着。而且（这么说可能有点儿让人惊讶）它也是一门可以通过人类的努力而获得进步的学问。应该说，这反而是数学这门学问的深邃之处。

所谓的数学进步，到底是怎么一回事？

数学和其他众多学科一样，也是一点一滴从基础开始慢慢积累，逐渐形成一个学术体系的。所以说，在数学上，所谓的学术进步与发展，也是在其过往的积累之上，进一步构筑新事物的一项事业。就像牛顿曾

① 例如，在公元前 1800 年左右的黏土板“Plimpton322”中，与毕达格拉斯三元数组相关的数值就记载了 15 行之多，参考第 3 章的小短文“毕达格拉斯三元数组”。

经说过的那样，如果说“我”看得比别人更远些，那是因为“我”站在巨人的肩膀上。话又说回来，在过去积累的基础上再增添新的东西，在理解这样的表达方式的时候，有些地方是需要特别注意的。把现代数学想象成摩天大楼那样一层一层构筑起来的样子，这个想法肯定是不对的。因为“积累”这个词在这里其实包含着非常多的含义。举例来说，在数学中有初等几何学这么一个分支。这是一门使用直线、三角形、圆之类的工具来研究几何图形的各种性质的数学分支。读者中，应该有很多人在初中或高中时就学过与这类图形有关的数学知识。此分支也是我们学习“证明”这个数学中的特有技术的良好素材，但反过来，“证明”这个东西又像是一个魔鬼，给许多人留下了关于数学的不太好的回忆。初等几何学也经常被称为“欧几里得几何学”，它是从古希腊就已经开始研究的几何学。从这个意义上来说，它是一个非常古老的数学分支。这样说的话，欧几里得几何学应该一直延续到了现代数学之中，并在数学的逐层积累的过程中处于非常基础的位置，而数学的发展就应该是在它之上一层一层地积累新的发现和新的想法，最终发展到了今天这样的程度，估计有些人会这么想。当然，这个说法总体上来说是没有问题的，因为像欧几里得几何学这样基础性的几何学，毫无疑问就是后来出现的各种各样的数学理论的基础。

但是从另一方面来说，欧几里得几何学这门学问本身已经是一个“结束了”的东西，今天已经很少有人再对它进行专门的研究了。需要注意的是，我们这里所说的“结束了”并不意味着，它在历史上的某个时刻已经被人研究完，因而不再有什么需要进一步研究的东西了。这里的意思简单来说就是，基于某种合理的原因，人们觉得在这个领域已经不再需要追求进步了，目标已经在相当程度上达成了，主要结果也都出来了，再往前走的话也就是清扫一下边边角角之类的事情。与其说这是数学上的问题，倒不如说是人类兴趣方面的问题。因此，在这里，我们也绝对不能说，欧几里得几何学已经在古代的某个时期结束了。

实际上，在欧几里得几何学中也有许多事实是古代人并不知道，直到很久以后才被人发现的，这在历史长河中已经发生过很多次了。比较著名的事例有，18 世纪末，年轻的高斯就发现了正 17 边形是可以用直尺和圆规作出的（见方框中的小短文“尺规作图问题介绍”）。

卡尔·弗里德里希·高斯

Carl Friedrich Gauss

（1777—1855）

然而，这些研究并不是在与古代几何研究相同的背景条件下进行的。也就是说，我们并不能说，从古希腊到 18 世纪末这段很长的时间里，欧几里得几何学一直在同一个范式中不断发展，并且正是在这种连续的积累下，高斯又加进了他的新发现。实际上，作为一个活跃的研究主题，初等几何学在古代就已经“结束了”。也因为这样，如果你仅仅从初等几何学或者初中和高中学过的其他一些已经结束了的数学分支的角度来观察数学，进而对整个数学形成自己的想法的话，那就很难了解到数学其实是一直处在进步之中的，而这种想法也不无道理。

那么，“新”的数学会以什么形式产生呢？数学是怎样“进步”的呢？就像 Thomas Kuhn 所说的，其产生一般会有两种形式，一种是在

“科学的常规发展”[①] 中通过连续地积累而产生新事物，另一种则是通过“范式转型”而产生新事物。

尺规作图问题

尺规作图问题是指这样一个问题：如果只给你一把（没有刻度的）直尺和一个圆规来画出平面图形的话，那么什么样的图形是能作出的？什么样的图形又是作不出的？举例来说，在欧几里得的《几何原本》（就是那本最早讨论欧几里得几何学的书）中已经指出，正三角形和正五边形都是用直尺和圆规能够作出的。还有一个非常有名的问题也与此有关，一般把它称为“倍立方”，它是由下面 3 个问题组成的：

- 三等分角问题——任给一个角，只使用直尺和圆规能不能把它三等分？（把一个角二等分的方法很简单。）
- 立方倍积问题——任给一条线段，能不能作出一条新的线段，使得以第二条线段为棱的正方体的体积是以第一条线段为棱的正方体的体积的两倍？（把一个正方形的面积加倍的方法很简单。）
- 化圆为方问题——任给一个圆，能不能作出一个正方形，使它的面积与那个圆的面积是相等的？

① 所谓“科学的常规发展”，是在 Thomas Kuhn《科学革命的结构》中的用语，这是一种基于范式（指在某个特定的时代，在科学研究的某些领域里起着支配性作用的那些工作规则、观察角度、理论架构等的统称）风格的科学活动，是指根据范式给出的问题和解决方法等方针进行研究的状态。与此相对的状态是“科学革命”时期，或称为“范式转型”时期，在这个时期，由于现有的范式被破坏或发生戏剧性的变化，一个新的科学框架将形成。

现在我们已经知道，这 3 个作图问题都不能用直尺和圆规来完成[①]。至于正多边形的作图问题，在相当长的一段时间里，除了欧几里得的《几何原本》中所提到的那些情况之外，人们都不知道是不是还有其他的正多边形也是能够作出的。然而，在 1796 年 3 月 30 日的晚上，当时只有 19 岁的高斯发现了只用直尺和圆规也能作出正 17 边形。高斯实际上发现了一个更一般的规律："对于任何一个素数 p 来说，只用直尺和圆规能够作出正 p 边形的充分必要条件是 p 是一个费马素数"。这里所说的费马素数就是那些形如

$$2^{2^n}+1 \quad (n=0,\ 1,\ 2,\ \cdots)$$

的素数。当 $n=0, 1, 2, 3, 4$ 时，我们可以得到

$$3, 5, 17, 257, 65537$$

它们确实都是素数，因而都是费马素数。到目前为止，除了这几个数之外，我们还没有找到其他任何一个费马素数。至于是不是还有更多的费马素数，或者根本不会再有其他的费马素数了，这方面的事情仍然是未知的。

举例来说，笛卡儿是以引入了坐标系并创立解析几何学而闻名于世的，这种新事物就产生于上述第 2 种情况。也就是说，它是与范式转型相对应的一种进步。通过笛卡儿所开创的这个新的数学范式，确实也能

① 更多信息可参考《数学女孩：伽罗瓦理论》第 5 章，结城浩著，陈冠贵译，人民邮电出版社 2021 版。

够在古典的欧几里得几何学中得到很多新的结果，但这已经不能算是古代数学所开创的欧几里得几何学了。更进一步地说，笛卡儿的理论并不是在前代数学家们坚持不懈地建造起来的欧几里得几何学这个建筑物之上又继续建造出来的东西，而是已经超越了欧几里得几何学，或者如果把话说得再激进一点儿，这是通过把欧几里得几何学这种过往的常识彻底打破以后而取得的进步。同样的说法也适用于 19 世纪中期相继出现的“非欧几里得几何学”的发现。这个发现具有非常巨大的“破坏力”，因为它完全摧毁了传统“几何学”的范式。

数学就像是一场多种打法的格斗大赛！①

根据上面的解说，数学这个学科对于新的发现一直都是很开放的。在“科学的常规发展”期，新的发现是在既有结果的基础上一点一滴地增添新的见解和知识，而在“范式转型”期，那就需要彻底打破之前所获得的知识见解和方法论，从全新的角度出发来重新建构新的知识，数学就是这么一种情况。如果你一直用学校里教的那些看起来像是“结束了”的数学来看待数学的话，那就很难相信数学里也会不断产生新的东西，以及数学也是不断进步的学科。但在历史长河中，数学里确实发生了各种各样的进步，某些时候甚至还创造出了一个全新的思维框架。

从总体上说，数学这个学科就是在漫长的历史中不断被创造、被“破坏”、被超越的许多研究分支和思维框架的集合体。其中包含着数量众多且内容迥异的理论，甚至是看起来完全不同的理论，这些理论的总

---

① 日文使用了“異種格闘技戦”这个名词，在这样的比赛中，参赛双方可以使用不同的格斗技术（比如散打、泰拳、空手道等）来进行对战。——译者注

合就是我们今天称为“数学”的那个学科。我们完全不能说它是一个具有单一的研究领域的学科，因为它的研究领域多得惊人，而且这些领域相互交织，构成了一个巨大的网络，故我们可以说数学是一个极其复杂且多样化的体系[①]。不妨回忆一下自己在初中或高中时学过的数学，那里不仅有图形、数、函数、向量，甚至还有数列和概率，这么多不同种类的对象和概念挤在一起。形象地说，数学就像是把这些不同种类的对象和概念杂乱地聚在一处来进行“多种打法的格斗大赛”。要同时处理这么多看起来完全不同的概念，这样的学科恐怕除了数学就没有别的了吧？

正是这种令人惊讶的“内在多样性”，才使数学即使已经非常丰富和成熟了，仍然能够不断进步和焕发新生命力。而数学本身，也正因为在其内部已经具备了这种概念上的“多种打法”的兼收并蓄，才使数学工作者能够有各种不同的构思或创意，可以根据各自的个性工作。

而且，这件事还与数学中围绕着“进步”的另一个重要的事实有着密切的关系。这个事实就是，一项极为新颖的发明和发现，有时候并不是出现在学科的前沿领域，而是更有可能出现在非常基础的地方[②]。其他学术领域应该也在发生着同样的事情，不过在数学里，这个现象尤其明显，即那些具有极其重大影响力的出现或者发明，一般不是出现在该学科的前沿领域，而是出现在更为基础性的地方。

举例来说，和整数相关的各种问题，自古以来就是数学上的大

---

① 根据 Ian Hacking, *Why is there philosophy of mathematics at all*, Cambridge University Press，在法语和俄语的词典中，数学并不是作为单一学科来分类，而是被当作多个学科领域的集合体。

② 望月教授自己也在综述性的文章 *The Mathematics of Mutually Alien Copies: from Gaussian Integrals to Inter-universal Teichmüller Theory* 的 4.4 节中讨论了同样的事情。

问题。

因为不管怎么说，整数这种对象是连初中生都十分熟悉的，因而与整数有关的问题很多都是非常基础的问题。在现代数学中，为了解决与整数有关的各种问题，已经开发了各种各样的概念架构和技术工具，但即便如此，仍然有数量众多的问题尚未得到解决。其中，大部分都是非常基本的问题，比如与素数有关的问题，而且这些问题本身就是中学生也能够理解的。像哥德巴赫猜想“任何一个大于等于 4 的偶数都能写成两个素数之和”，就是这一类型的问题。到目前为止，尽管现代数学的最前沿研究已经达到了很高的高度，面对这样一个听起来如此“平易近人”的问题，数学研究者们仍然拿不出什么有效的解决方法。为了能对这样的基本问题发起真正的挑战，可能必须要找到一些全新的想法，而且应该是与这个问题处于同一个基础性层面上的发明创造。

现在，望月教授的 IUT 理论就是要在这样一个非常基础性的层面上发起一场具有巨大影响力的革新，这恐怕在整个数学的历史上都很难找到能与之匹敌的事件。那么，这个理论究竟是怎样在“基础性”的层面上颠覆了今天的数学呢？关于这一点，我们将在后面的章节里一点一点地介绍和说明。但是，在此之前，对于该理论的“新颖”之处究竟是关于数学中的什么东西这个问题，我们倒是可以在这里透露一点内幕消息，那就是对“加法和乘法的关系”提出了全新的理解。加法和乘法之间会有什么样的关系呢，这不是连小学生都知道的吗？我们在小学的时候最早学的是加法，然后在这个基础上又学习了乘法。从某种意义上来说，它们之间的关系是明显的。这里面还能藏着什么深奥的问题吗？对于我们普通人来说，这恐怕是无论如何也想象不到的吧。但是，在那里确实藏着很大的问题。而且，正因为这个问题的背景是非常基础的，所以它才是极其深奥难解的问题。

在本书后面的章节中，对于 IUT 理论可能会引发的理论变革的相关内容，我们会尽可能使用简单、易懂的方式来介绍。由此，我们已经可以窥见这种“破坏力”的一部分，那就是在小学算术的层面上对数学进行根本性的重新审视。而且，尽管它是革命性的，但也是基于一些非常自然的想法的。这就是为什么即使我们略去各种技术性细节，也能充分地传达出想法的基本意思。

论文的价值是由什么来决定的？

不管怎么说，数学就是一个非常自由的学科，而且总是对“进步”保持着开放的态度，这可能远远超出大多数人的想象。数学工作者发挥自己的个性，并在自己观点的主导下，夜以继日地为这个进步做着贡献。然后，当他们得到了一个新定理的证明，或者建构了一个新的理论体系时，通常会把这些数学上的新工作整理成论文的形式，或者写成书的形式。论文的篇幅可以很短，只有几页，也可以很长，超过 100 页的都有，但基本上就是十几页到几十页这样的篇幅。如果你希望把自己所完成的工作传达给世界各地的数学工作者的话，那么一般来说，论文就要用英语、法语或者德语来书写。

其中，德语的使用频率（流通普及率）如今似乎没有那么高。能使用德语进行阅读和书写的数学工作者的比例好像也不是太高。我曾经与其他研究者合作发表过一篇德语论文，出版在 Crelle 杂志（后面会讲到）上，但得到的评价不是很好。到现在还时常被人问到“没有翻译成英语吗?”这样的问题。另外，我也用法语发表过一篇简短的合作论文，这篇文章就没有出现语言方面的问题。

实际上，在数学的世界里，法语文献相当多，如果论文是用法语写的，那么没有任何人会有抱怨。但是如果使用的是德语或者俄语的话，很久以前的文章姑且不论，现在的文章就会招来很多人的抱怨。所以，论文还是应该用英语或法语来撰写。

数学理论通常是以论文的形式向外界公布的。这就要求把此前只存在于一个或者少数几个数学工作者头脑之中的想法转化成文章和数学公式，而且要能够让大家都能看懂。因此，论文写作的基本要求就是，对于专业相同的数学工作者来说，只要读过这样的论文，就应该能够获得或了解与对应问题有关的理论及必要的知识。这永远是最基本的要求。所以在这里也一样，如第 1 章所述，写作论文也需要掌握一些专门的沟通交流技巧。也就是说，和口头宣讲时一样，在论文中，有必要运用行业术语和专业性的表达方式。不过从根本上来说，和口头宣讲相比，论文里的内容必须更加详尽，因而所采用的书写格式和遣词造句也就有很大的不同。

对于一篇数学论文来说，最重要的事情就是它要具备以下 3 个要素，一是“新”的东西，二是“正确”的东西，三是“意味深长”的东西。这三者之中，不管哪一个有所欠缺，这篇数学论文的价值都会急剧降低。

在这里，用来判断“新”的依据是什么？“正确”的标准又是什么？这都是非常专业的问题。初出茅庐的年轻研究者，都要经过一番训练才能做出恰当且专业的判断。至于说数学中的“新”是什么意思，在某种程度上我们已经做出说明了。比如在“科学的常规发展”时期，就是要对所选的问题或者对该时代占主导地位的问题给出部分的或者完整的解决方案，也可以是提出理解问题的新视角，而在前面所说的那种“范式转型”的时期，还包括那种能够在该领域掀起革命的大论文。

数学是一个需要体力的学科

那么“正确”又是什么意思呢？简单来说，所谓“正确”只有一个意思，那就是要给出滴水不漏的证明。正如前面说过的那样，对于数学工作者来说，“正确”就是指“已经给出了证明”。而且在那个证明中，任何细节都不能出现逻辑上的跳跃。在数学工作者的眼里，只要证明还没有达到滴水不漏的程度，就是无法令人满意的。所以说，作为决定一篇论文好坏的“标准”，上面所说的这种“正确”是非常重要的事情。

而且，在数学里，“正确”这个词的意思在某些时候是极其严格的。数学中的那些定理，至少对于那些热爱数学并且能理解数学的人来说，是非常自然的，有时候还是十分优美的。因此，这些定理的论证与证明在一定程度上也都是自然的，甚至是优美的。话虽这么说，但如果认为这种自然性一定会自动地关联正确性，那就大错特错了。我们可以把那些正在论证困难理论的数学工作者与 F1 赛车手做个对比。赛车手们开着车在赛道上以 320 公里的时速飞驰，还要时刻与对手争夺那几厘米的差距。数学工作者也是这样，在运用一个宏大而抽象的概念的时候，对每一个细小的步骤都必须进行精密的论证，而且还要能够长时间地维持这种高度紧张的论证过程。在数学工作者为了确保“正确性”而从事的工作中，就是有这种极其严苛的一面。所以说，数学的论证总是与“错误”比邻而居。尽管我自己平时已经十分小心谨慎了，但还是常常会出现很多“错误”。

我们经常能听到这样一种说法，那就是很多人在数学方面的新工作都是在年轻的时候完成的。给出的理由是，人在年轻的时候想法更加灵活，而且有着不拘泥于常规的自由想法等。然而，除此之外，“体力”也是一个非常重要的因素。要长时间保持高度紧张的思考，这种对于集中力的高要求，如果没有体力是肯定做不到的。因此，数学是一门非常耗费体力的学问。

“意味深长”是什么意思？

作为数学论文的价值标准，我们已经说到了“新”和“正确”。然而，数学论文的价值实际上并不完全由这些所决定。除了“新”和“正确”之外，还有一个非常重要的因素是“意味深长”，这个就比较难以解释了。简单来说，就是它“是不是很有意思”。不管一篇论文有多么“新”、多么“正确”，只要在数学工作者的圈子里不觉得它是意味深长的，那么这篇论文就不会被当作有价值的。

望月教授的论文，是在一个以前从没有人想过的全新数学方法和框架中进行思考的，因而如果只谈这个理论的主体部分（即IUT理论）的话，很有可能没有一个人会觉得它是有意思的。这就像是在谈论怎样治疗一种从来没有人患过的疾病一样，自然没有人会对其感兴趣。他的论文之所以受到许多人的重视，是因为他在论文中声称他解决了ABC猜想，而这个猜想被许多数学工作者认为是非常重要的问题。

确实，ABC猜想本身是相当重要的。之所以这么说，是因为望月教授的论文在某种意义上有可能使围绕ABC猜想的数学界的格局发生戏剧性的变化。对于那些此前专门研究 ABC 猜想的数学家来说，IUT 理论发表之前的望月教授完全就是一个“局外人”吧。除了这方面的原因之外，实际上，望月教授使用 IUT 理论这种前所未有的全新数学方法，声称解决了 ABC 猜想这一属于往常的数学框架中的问题，这确实在那些此前专门研究 ABC 猜想以及与此相关的数论和算术几何学的研究者们中间引发了各种各样的反应。正如前面所说，在他们的这些反应中，也包含着很多不怎么友善的东西。

的确，对他们来说，ABC 猜想本身当然是他们非常感兴趣的东西，但是，望月教授为了解决这个问题而准备的 IUT 理论，对他们来说可能就不是那么感兴趣了。我以前曾经这样对望月教授说过：“在这个理论公布以后，和数论专家相比，数理逻辑学和数学基础论的研究者可能会更感兴趣吧。”实际上，IUT 理论与到目前为止关于 ABC 猜想及其相关的丢番图问题的研究发展脉络之间没有任何关系，是一种截然不同的东西。正如前面所述，它并不位于这个领域的最前沿，而是在数学的一个非常基础性的层面上进行的创新。

从这个意义上来说，望月教授的研究要是没有“解决 ABC 猜想”这样的轰动性，且目前在数学领域占主导地位的讨论课题是数论和算术几何学，那么望月教授的研究有可能完全不会成为让人感兴趣的对象。而且，这很可能也是他尽管已经付出了很大的努力，仍然不能把他的理论传播到数论和算术几何学的圈子中的一个外在原因。因此，考虑到 IUT 理论给数学本身的基础所带来的冲击，数理逻辑和数学基础方面的学者才是更有可能对此感兴趣的人，我自己在很早以前就有了这样的想法。从这个意义上来说，他的这篇论文的“意味深长”之处很有可能与以往那些论文有着不太一样的内涵。

数学理论是怎样向世界传播的?

不管怎么说，对于数学论文来说，除了“新”和“正确”之外，“有意思”=“意味深长”这一点也非常重要。另外，一旦论文写作完成，接下来的事情就是要把它发布出来，让数学工作者们来检验它的真正价值。在这个阶段里，一般来说最重要的目标就是让它能够被专业的数学杂志接受并刊登出来。而为了能被数学杂志所接受，只是把论文投到杂志社是不够的，还必须经历文章的评审阶段。

但是，在投给杂志社并接受评审之前，也有人会选择把新论文发布到名为“arXiv”[①] 的论文服务器上。在 arXiv 这里，除了论文的文件外，论文的概要也会一起录入。这样，发布第二天 arXiv 就会自动向世界各地的使用者发送有投稿论文的标题和摘要的列表。通过这样的做法，研究人员就可以实时了解全世界新论文的标题，然后根据自己的需要，立即获得该论文的文件。当然，发布在 arXiv 上的论文还没有经过杂志社的评审和确认，所以其正确性还不能得到保证。因此，从这样的论文中获取信息的人必须十分小心。但是，只要对这一点心里有数，使用 arXiv 的论文发送服务会非常迅速，也非常方便。

也许正是因为这样，近年来，世界上越来越多的数学工作者开始使用 arXiv。他们通过 arXiv 把自己的研究工作第一时间发布到世界各地，并且实时接收世界各地研究人员的研究进展。从这个意义上来说，arXiv 目前已经成了连接各个研究者和研究群体的非常方便的工具。

arXiv 是一个相对较新的将研究者的研究成果向世界传播的渠道。当然，刚刚在前面也提到了，也可以使用以前就有的方法，即通过在学

① 全称是“arXiv.org e-Print archive”，服务器设在美国康奈尔大学。

会和国际研讨会上的演讲以口头方式向世界传播。有些刚刚完成的新理论就是通过在学术会议和研究会议上的演讲来发布的。在这种情况下，有的是论文（即使还没有评审）已经在人群中流传的状态，有的则是论文还没有写出来，就直接开始讲述刚刚”新鲜出炉“的理论，甚至还有谈论眼下正在进行中的理论。以演讲的形式获得的数学信息，有时也是在评审之前的、尚未得到正式确认的信息。另外，如上所述，即使是那些已经完成的理论和想法，在有限的时间里，常常也只能粗略地讲一讲理论和想法的概要。

在通常情况下，数学论文的评审需要很长的时间，最短也需要 3 个月左右，最长甚至要花好几年的时间。因此，通过 arXiv 和口头宣讲来实时了解研究动向，这对于研究者来说是很重要的。

这样一些传播方法，是为了向同行和专业相近的数学工作者宣传自己的研究工作，但也有其他类似的方法。比如说，很多大学和研究机构都拥有自己的预印本库。所谓的预印本，正如这个名称所提示的那样，是指那种还没有在杂志上刊登出来的论文。所以预印本就是指那些还没有向杂志社投稿，或者已经投稿但还没有完成评审就开始在数学工作者之间流传的学术论文。阅读者需要意识到它还处在未经确认的状态。例如，刚刚说到的 arXiv 就是来自世界各地的预印本的服务器。在日本也有很多大学和研究机构开设了自己的预印本库，被发布的论文都可以在这些机构的主页上浏览和查看，而且这些机构之间大多也会互相交换新的预印本。因此，比如在德国某些研究机构的图书馆里的新论文开架阅览区就可以找到日本大学的最新预印本。现在可以说，arXiv 承担了很多这样的职能，不过在 arXiv 被普遍使用之前，上面所说的方法运行得非常好，而且毫无疑问，现在它仍然是一种重要的信息交换手段。

数学是一门很花钱的学问

我们介绍了 3 种方法，都是用来把刚刚完成且没有评审的新论文向世界各地传播的一般方法，其一是利用 arXiv，其二是通过演讲等手段来进行信息交流，其三就是投稿到预印本库里。就像刚才提到过的，数学论文的评审一般都要花很长的时间，因而这些在“评审前”的信息传递在某种程度上来说也是非常有必要的。

另外，暂且抛开数学这一领域的独特背景，实际上在包括数学在内的科学世界里，无论是口头交流还是借助书面材料，研究人员之间相互沟通交流都是非常重要的。社会上经常流行着下面一种说法：“数学研究只要有纸和笔就行了，这是一门不花钱的学问。”这是不对的。当然，在数学研究中很少会用到非常巨大的实验装置或者大规模的观测仪器等，如果限定在这个意义上的话，确实可以说数学是“不花钱”的。但是，就数学而言，为了能完成研究项目，并不是完全不花钱的。事实刚好相反，数学也要花不少的钱。说到钱的用途，最重要的一条就是“用于沟通方面的费用”。数学工作者为了进行共同研究，或者对于研究进展情况进行的信息交换，以及其他各种各样的研究交流，需要通过研讨会等手段来不断地加深人与人之间的交流，这件事情的重要性是再怎么强调都不过分的。由此而产生的差旅费、研讨会的运营费用等都是完成数学研究项目所必需的费用，而且这绝对不是一笔小金额的支出。从这个意义上说，“数学是一门很花钱的学问”。

不管怎么说，在数学世界里，带着自己的研究成果积极地与世界进行交流是非常重要的。假设你现在写了一篇新的数学论文，前面列举的 3 种传播手段——“arXiv 的利用”“演讲等口头发表”“预印本库的利用”——你都没有使用，那么别人就会认为你根本不打算把自己的想法传达给世界，或者认为你想要保密，人们这么想这也是没办法的事情。但是，在这 3 种方法里，只要你好好利用任何一种方法，基本上就不会有什么问题了。2012 年 8 月 30 日，望月教授不仅在自己的主页上发布了论文，实际上也把它放进了京都大学数理解析研究所的预印本库里，而且在那之后，关于论文的内容，他也至少进行了 5 次演讲。虽然没有使用向 arXiv 投稿这个方法，但是现在确实也有不少的数学工作者并不使用 arXiv[①]。

数学杂志

经过上面这些过程，现在，论文终于可以向杂志社投稿了。首先，对于数学杂志，我们有必要先在这里做个说明。

数学杂志就是一种旨在刊登与数学相关的研究论文，并以向世界各地传播为目的而出版的杂志。世界各地有很多这样的数学杂志，其数量之多恐怕会让读者们大吃一惊。我没有数过那个数，所以也不知道具体有多少个，恐怕即使只是计算那些数学学术杂志，全世界也不会少于 200 个。在日本也是这样的，主要的大学和研究机构都运营着自己的杂志。

这里面大多数的杂志都有着自己的特色和强项，比如说，有的是刊登代数方面的论文的杂志，有的是大量刊登分析方面的论文的杂志。数

---

① 所以，尽管有着这样那样的传闻，什么望月教授是秘密主义者，他对自己理论的传播不感兴趣者，等等，但是从数学工作者圈子中的惯常做法来看，他发布论文以及发送信息的方式似乎并没有什么特别反常之处。

学杂志也有好几种类型，只是对它们进行分类就是一项十分艰巨的工作。比如说，有一类杂志被称为“综合杂志”，它基本上对数学的任何一个分支都是开放的。当然，虽说这类杂志包含所有的分支，但从论文投稿人的角度来说，他也会先看一看该杂志的编辑名单，觉得那里有人知道自己论文的价值才会选择投稿，因而投稿论文所属的数学分支多少也会出现一定程度的倾斜，这是理所当然的事情。

这里出现了“编辑”这个词。这些人中有许多也是数学工作者。当然，在负责编辑杂志的各种技术问题的人员之中，也有的不是数学工作者，不过当我们说到数学杂志的编辑的时候，名单上列出来的主要还是数学工作者。他们就是那些从各自数学专业立场出发来负责杂志编辑工作的人。

在各种数学杂志之中，除了刚才介绍的“综合杂志”之外，还有一些是“专业杂志”，它们只处理某些特定专业的学术论文，比如只处理代数方面的文章或者几何方面的文章等。对于这种杂志来说，只要是该专业的论文，基本上不管是什么样的内容，都是对其敞开大门的。

比如说，有许多杂志起源于大学里的纪要，不过也有许多并不是这样的来历。举例来说，在德国有一个著名的杂志称为“纯粹与应用数学杂志”（*Journal für die reine und angewandte Mathematik*），这是由一位名为 August Leopold Crelle（1780—1855 年）的人于 1826 年创立的。因而，这个杂志通常也被称为“Crelle 杂志”。

关于 Crelle 杂志，有一些有趣的小故事为人所知。在这本杂志创刊之初，由于创刊者 Crelle 曾经是工程领域的人，因而正如“纯粹及应用数学杂志”这个名称所显示的那样，实际上它也刊登过应用数学方面的论文。然而，随着时间的推移，应用数学方面的投稿逐渐销声匿迹了，这个杂志也就变成了关于纯粹数学的杂志。因此，这本杂志的名称现在已经完全不能表达其真实的情况了。不过非常有意思的是，据说有人干脆就把这本杂志念成了“纯非应用数学杂志”（Journal für die reine unangewandte Mathematik）[①]。

总而言之，关于数学有各种各样的杂志，而且它们都有着各自的特征和传统。数学工作者一旦觉得自己的论文已经达到了可以发表的程度，就会向这些杂志中的任何一个投稿。投稿的流程也是各式各样的，现在很多杂志都会在其主页上列出投稿流程，数学工作者只要按照规定好的顺序就可以完成论文的投稿。当然，也有一些杂志还在使用比较传统的收稿方法，也就是数学工作者把论文直接寄给杂志的编辑。

数学工作者把论文投稿到杂志社以后，负责该论文的编辑会首先判断一下这篇论文是不是值得送审。有时候编辑也会向与论文内容所属专业领域比较接近的专家进行咨询，以便在短时间内快速做出判断。这里需要考虑的是，比起论文是否正确这个技术性的问题，更重要的反倒是前面提到过的其他价值标准，也就是说，论文是不是“新”的以及是不是“意味深长”的。与这两个标准相比，“正确”与否这件事判断起来需要花费格外多的时间和精力。因此，在通过了这些最初的判断，并已确定是值得送审的，接下来才需要严肃地来检查它的内容是不是“正确”的。也就是说，这时候就要选定一个适当的审稿人，请他来审读论文。

① 这里所说的有意思的地方在于，它是把 und angewandte 以谐音的方式读成了 unangewandte，这样一来意思就完全变了。——译者注

论文被接受是怎么一回事?

杂志的编辑现在要把论文转到可能的审稿人手上，如果那个人同意审稿的话，杂志的编辑就会指定一段时间，让该审稿人对论文进行审读，如果那个人不同意审阅，那就需要再去寻找其他可能的审稿人。当然，一般来说，编辑在挑选审稿人的时候，必须首先判断出哪些人能够充分理解论文的内容，并且能够对其正确性和价值做出合理的评估，然后从这些人里选择合适的审稿人。不过，有时候编辑也可能完全没有找对人。如果出现了后面这种情况，那么被委托进行审稿的人，也可以拒绝审稿，只要告诉杂志编辑这篇论文的内容与自己的专业领域并不相同即可。

当然，审稿候选人也可以用其他的理由来拒绝审稿。仔细阅读数学论文，对其做出正确的判断，一般来说这是一件必须花费大量时间和精力才能完成的工作。然而，说到做这些事会有什么报酬的话，实际上什么都没有。原则上做这种事完全就是义务劳动。从审稿中唯一能够得到的好处就是，可以仔细地学习一下那篇论文，并从中获得新的见解，除此之外就没有什么可以称为报酬的东西了。当然，科学论文的审稿人也不是什么都知道的万能之神，而是和论文的作者一样的研究者（不只是限于数学）。因此，论文写作和评审体系强烈依赖于研究者之间的善意和“相互扶持”。无论是接受审稿，还是拒绝审稿，最终都是个人的选择。有些人会以研究工作或者其他事情（比如在大学或者研究机构里担任管理职务）很忙为理由而拒绝审稿。另外，也会有手头上已经堆积了很多待审阅的论文，无法再接受其他论文的情况。

审稿的时间一般来说是3个月左右。根据论文的类型，有时也需要设定比 3 个月更长的审稿时间，才能让审稿人同意进行论文的审阅。从结果来说，审稿有时候甚至需要花费很多年的时间，这在数学世界里也并不罕见。

对于不是数学专家的普通人来说，可能会有兴趣了解一下这个审稿的过程到底是怎样的。首先，正如我在上面提到的，由于审稿人一般来说必须理解这篇论文，并对它做出判断，因而就需要从那些与论文所属专业比较接近的研究者中来选出，而且，原则上谁在进行审阅是要保密的。只有编辑和审稿人本身才知道谁是审稿人，当然也有例外，不过总的来说，这是不会向任何人透露的。这里的基本原则是，审稿人是匿名的。

当然，在很多时候，谁是审稿人这件事实际上还是会被发现的。举例来说，审稿人要匿名写出审核结果的报告书，然后杂志会把这个报告书转交给论文的作者，但是，从报告书的行文习惯、英语文章的写作方法，或者单词的使用方法等方面，作者常常就能够猜出审稿人到底是谁。这是因为，报告书大多都是用英语写的，在英语的使用习惯上，法国人或者德国人在行文中常常会留下他的第一语言的“痕迹”。我也不是以英语为母语的人，所以我在写报告书的时候就会很费神。如果不想被人发现自己是日本人，有时也会拜托编辑来帮忙修饰一下文中的英语。

不管怎么说，审稿人要在一定时间内对论文进行审阅，并对论文的正确性和综合价值做出判断。然后，以此为基础，最终由编辑来决定是否刊登该论文。这里需要注意的是，决定是否可刊登的并不是审稿人，而是编辑。编辑会委托审稿人对包括论文正确性在内的价值进行判断，但并不会把做出最终判断的权利交给审稿人。当然，审稿人的意见会得到足够的重视，但有时编辑也会得出与审稿人的判断相反的结论。

还有一点，编辑的责任是判断投稿论文的整体价值，并由此来决定是可以刊登还是拒绝刊登，而审稿人的责任只是判断它的“正确性”，并向编辑陈述自己的意见，论文的作者才是对论文的正确性负有最终责任的人。事实上，在已经获准刊登的论文或者更早的时候已经出版的论文中常常也会发现错误，这并不是什么新鲜事。我们当然都希望最好不要发生那样的事情，而且编辑和审稿人都会为了不发生那样的事情而尽最大的努力，但是，他们也是人，所以难免也会犯错误。不过在这种情况下，没有人会追究审稿人、编辑和杂志本身的责任。该负责任的仍然是论文的作者。

因此，论文被接受这件事，当然意味着它的正确性已经得到了一定程度的“背书盖章认可”，但这并不是绝对的。与前面提到的 arXiv 上的预印本相比，在杂志上刊登出来的论文当然具有更高的可信度，但即便如此，也不能说这就完全消除了出现错误的可能性。

绅士的游戏规则

关于论文的作者和编辑以及审稿人之间的关系，我们最后再补充一点。数学论文基本上是可以自由投稿给任何一个杂志的。所以，论文作者当然也可以把自己的论文投到自己就是编辑委员会成员的那种杂志上。编辑委员会会决定论文的审稿人，然后根据评审结果来决定能否刊登。从表面上看，这好像确实会有那么一点儿问题。但是，在这种情况下，像论文作者这样的利益攸关方通常会被排除在审查决定的过程之外，以确保其公正性。

实际上，杂志的编辑和主编即使不是投稿论文的作者本人，他们也常常与投稿论文的作者或者论文内容有很深的利害关系。举例来说，论文作者也许是自己的合作研究者，或者是自己以前指导过的学生，或者投稿论文的内容与自己的研究内容有很大的关系，因而有可能产生优先权的问题。不管怎么说，数学工作者的圈子本来也不是很大，这样的事情就是家常便饭，刚好论文的作者也是编辑，或者主编，这不过是众多类似事例中的一个而已。

事实上，在自己任职的杂志上发表论文这种事情，绝对不是什么很新鲜的事。正如前面所说，对数学论文的正确性和价值进行判断的那个体系，本质上是靠我们每个数学工作者的善意和对学问的使命感来支撑着的。我曾听到过这样一件事，很久以前，一位著名的数学工作者说过："数学就是一场绅士的游戏。"在这个看似广阔实则狭小的圈子中，不可避免地会产生各种各样的利害关系。数学工作者工作的基本前提是，不要做那些让人对公正性产生怀疑的事情。实际上，这种让人产生怀疑的事情基本上也不太会发生。

更进一步地说，为了让数学的圈子在某种程度上变得更加"广阔"，就有必要让它所涉及的内容和框架在一定程度上得到普及。像IUT理论这种尚未得到普及的新理论，对它进行积极讨论的那个圈子本身还不存在，所以在选择把论文投到哪个杂志的时候，"有现实性的选项"本来就受到了很大的限制，这也是没有办法的事情。实际上，这样的事情不仅出现在IUT理论上，在过去也能找到很多类似的情况。举例来说，20世纪60年代前期，概形理论和平展上同调理论开始兴起（主要是在前面提到过的格罗滕迪克的努力下），这些新理论也遇到了类似的情况，当时的论文基本上都发表在"法国高等科学院纪要"（*Publ.* IHES）这本杂志上，其他地方几乎没有[①]。

望月教授的论文就投到了他自己担任主编的那本名为 Publications of RIMS 的杂志上，有的人觉得这是有问题的。当然，从表面上看，这好像确实不太好，但由于“有现实性的选项”已经十分有限，因而在某种程度上这也是必然的，而且，这么做本身也并没有任何实质性的问题。

人类为什么非要研究数学呢？

我们十分简略地介绍了很多事情，主要围绕着数学工作者的工作内容，比如怎么写论文、怎么把论文向杂志社投稿，以及怎么在数学工作者的圈子里传播自己的理论等。但是，读者们读到这里可能会忍不住要问：“数学工作者研究数学的终极目的到底是什么呢？”或者“研究数学到底会有什么用处呢？”这类疑问恐怕早就憋在读者们心里很久了。

在数学工作者中，很多人都是凭着自己的兴趣和使命感来从事研究工作的，并不会特别关心自己的研究是有用还是没用。对于大多数这样的数学工作者来说，研究数学的源动力都是出于比较私人的原因，而且不同的人也是千差万别的。不仅是数学工作者，从事其他许多职业的人应该也是这样的。因此，我们必须把这些问题所要探究的事情，与包括我在内的各个数学工作者的个人动机做个明确的区分，即这里所追问的并不是仅仅关乎个人兴趣的事情，而是“人类为什么非要研究数学呢？”这样一个更为普遍的事情。

---

① 这里说的论文主要就是指格罗滕迪克的经典著作 EGA 等，见第 8 页的脚注。——译者注

而且，这件事也与我们经常听到的“数学有什么用?”这个问题有着直接的关联。对于这样的疑问，到目前为止，已经出现过各种各样的答案，比如说“即使数学现在不能马上有什么用处，在将来的某个时刻它一定会有用处的”，还有“数学的真正价值就在于它已经超越了有用和没用的问题”等。就我自己而言，对于这些一般性的答案，当然在一定程度上也是赞同的，但考虑到目前科学和技术的发展状况，又觉得这些答案多少有点儿没有切中要害。下面，我就来简要地陈述一下我想给出的答案。在当今这个价值如此多样化的时代，数学的“使用方式”也变得极其多样化了，什么样的数学在今天都是“有用”的，这已经是一件显而易见的事情。只此一种回答，再要对这一点抱有怀疑就变得毫无现实意义了。

这虽然只是我个人的见解，但在那些以某种形式与数学产生关联或者不得不产生关联的人们看来，这大概已经在某种程度上成了大家的共同认识。这里所说的与数学产生关联的人们可不仅仅限于数学工作者，更多的是那些在企业里和其他地方实际运用着科学技术的人们，他们对于这件事才有着更加真切的感受，或者说他们才是处在那种不得不真切感受到这件事的状态之下的人。

纯粹数学和应用数学

关于“人类为什么非要研究数学呢?”这个问题，我们还想再继续讨论一下。

在很久很久以前，数学被笼统地分成了两个不同的领域，一个领域称为“纯粹数学”，由某些数学分支组成；一个领域称为“应用数学”，由另外一些数学分支组成。这里所说的应用数学，是指把数学在科学、技术、工程等其他领域的应用作为重点的数学。与此相反，纯粹数学则不需要考虑数学在其他领域的应用。纯粹数学是基于对数学本身的兴趣而研究的数学，这其实也是一种相当模糊的思考方法。如果用简单粗暴的语言来说，应用数学就是“能用且有用”的数学，而纯粹数学就是“不能用・没用”的数学。虽然这种解释方法实在是过于粗糙了，但这个“应用抑或纯粹”的简单二分法仍然在不同程度上给社会大众留下了“应用”=“有用”、“纯粹”=“没用”的印象，这恐怕也可以说是既有的事实吧。实际上，应该说在过去的某个时代里，这种纯粹数学和应用数学的二分法确实有过实质性的意义。在我们通常所说的近代化或者工业化的时代，科学技术和支撑它的基础科学都还没有现在这么成熟，即使在技术和工程上确实会用到数学，但能够使用的数学工具的范围还是相当有限的。而且，这种情况在工业和科学技术逐步发展的过程中，也在某种程度上一直持续着，并随着持续时间的增长，“应用抑或纯粹”这样的二分法也渐渐地被赋予了神圣的意味。然而，在现代社会中，科学技术本身已经极其多样化、饱满化、精细化，这就使得“任何数学都有用处”这句话具有了实现的可能性，而且实际上，以前曾被认为是纯粹数学范畴的数学分支，在今天的社会里也无处不在使用，甚至以前被认为是应用性的数学分支或者实用性的技术又给纯粹数学带来了丰富的反馈。科学和技术的关系如今已经极其复杂地交织在一起，不能再使用简单化的语言来描述了。这也意味着科学技术已经各自走向成熟，不仅仅是一方支撑着另一方这种单方向的简单关系，而是逐步建构起了更加“良性的互动关系”。从这个意义上来说，“应用抑或纯粹”这种简单的二分法早已远远落后于当今时代了。

因此我们说，至少在当今，这种粗糙的二分法无论是在数学社会中还是在使用数学的科学技术世界中都已经不再适用。当然，这种二分法也有它的方便之处。比如说，现在我们仍然可以看到，在大学的分科中会使用“应用数学系”或者“应用数理科学系”这样的名称，在数学中也还有冠以“应用”的数学分支。在这些地方，“应用”这个形容词似乎确实表达了某些含义，这些都是基于传统上（而且是笼统地）对“应用”这个词的印象而进行的分类。比如说，对于分析具体现象非常有效的微分方程理论，或者在经济学中非常有效的博弈理论，又或者在社会科学和人文科学中经常使用的统计学，等等。但在今天的时代，任何一个对数学有足够了解的人都很清楚，数学中能够用在实际问题上的理论远远不止这些。

椭圆曲线和 IC 卡

实际上，在价值如此多样化的现代，科学技术及其周边领域的状况随时都在变动，数学中的这种所谓的“应用抑或纯粹”二分法已经完全没有了实际的意义。首先，到底哪一部分算是纯粹数学，哪一部分算是应用数学，这种明确的分界线本来就不存在，因而以什么样的标准来判别纯粹数学和应用数学一直就是非常模糊的。而且，现在这已经不只是模糊不清的问题，甚至变得毫无意义了。

我们来举个例子吧。有一种称为“椭圆曲线”的东西。如果在以 (x, y) 为坐标的平面上画出来，它就是由 x 和 y 的某个 3 次多项式所定义的曲线。名称里的“椭圆”这个词容易让人产生误解，实际上，椭圆曲线并不是椭圆，虽然它与椭圆也不是毫无关系。这是一种比椭圆更复杂难懂的曲线。图 2-1 展示了一个椭圆曲线的例子。

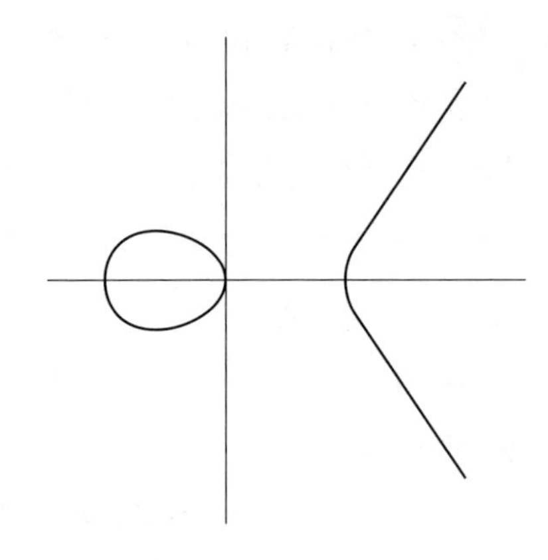

图 2-1 椭圆曲线 $y^2=x^3-x$

对椭圆曲线及其相关问题的研究具有非常悠久的历史。早期具有实质性的研究可以追溯到 18 世纪的法尼亚诺和欧拉。到了 19 世纪，对于椭圆曲线的研究变得十分活跃。这是因为，这种曲线对于我们深入理解椭圆函数（这是一类非常有趣的函数）来说具有本质性的意义。因而从 18 世纪到现在，许多数学家都对椭圆曲线进行了深入的研究，并产生了极其丰富的数学理论。从这个意义上来说，椭圆曲线是数学中的一个“非常意味深长”的对象。

这里，我说了椭圆曲线是“非常意味深长”的，可能有人会觉得，那是因为我是个数学工作者，所以才这么说。在一般人看来，这种东西好像和自己没有什么直接关系，也不会觉得有什么特别的意思，或者谈不上是“有用”的东西。确实，椭圆曲线是非常高深的数学对象，比如说，在前面提到的怀尔斯对费马大定理的证明中，椭圆曲线就起着极为本质性的作用。从这个意义上说，椭圆曲线确实是纯粹数学里的一个极其高深的对象。如果强行套用“应用抑或纯粹”这一古老而简单的二分法的话，那么毫无疑问会把椭圆曲线看成一种彻头彻尾的纯粹数学中的概念。所以，如果有人突然说，那个椭圆曲线实际上和我们的日常生活是密切相关的，恐怕很多人都会觉得不可思议。

这个关系在哪里呢？就在大家的口袋里，而且是每天都会使用的东西。

在 IC 卡普及之前，我们最常使用的是像磁卡这样的接触型的卡。与传统的磁卡相比，IC 卡具有更高的安全性。实际上，多亏了这种极高的安全性，我们现在才能够通过 IC 卡来支付高额的钱款。这是由于 IC 卡内置了 IC 芯片，可以使信息处理能力显著提高。不仅如此，IC 卡具备安全性的更大原因是其中所搭载的密码技术的进步。目前的 IC 卡使用了椭圆曲线密码技术，这确保了 IC 卡具有很高的安全性。椭圆曲线密码技术就是利用椭圆曲线具有一种称为“群”的运算结构而构思出来的[①]。上面我们曾经提到了自 18 世纪以来对椭圆函数的研究，那时，人们已经理解到椭圆函数这种函数具有和三角函数类似的加法定理，并对此进行了详细的考察[②]。刚才我们说的椭圆曲线上的群结构，其实就是这个加法定理的另一种表达方式。

然而，在密码技术中所用到的椭圆曲线的群结构，已经不是 18 世纪和 19 世纪所发展出来的那个原型了，而比那个原型又先进了许多倍。

---

① 椭圆曲线和群这两个数学对象在 IUT 理论中也起着根本性的作用。

② 三角函数的加法定理就是指

$$\cos(x+y)=\cos x\cos y-\sin x\sin y$$

$$\sin(x+y)=\sin x\cos y+\cos x\sin y$$

这样的公式。——译者注

为了说明这是一个多么高深的东西，我们必须从有限域这样一种数系开始讲起，还要谈及在这种数系上定义的代数曲线等极其专业的数学理论。当然，这里我们没有足够的时间去完成这样的讨论，不管怎么说，这些名词就已经差不多能让我们感觉到它的深度了吧。这比高中和大学里所教的那些数学知识在深度上又上了好几个台阶。

随处可见的成功故事

自 18 世纪以来持续发展着的纯粹数学领域里的椭圆曲线理论，现在被用在了 IC 卡的密码技术之中，我们每天都在享受着它带来的便利。实际上，与之前的密码技术相比，椭圆曲线密码技术可以大幅减少密钥的比特数，因而可以用于像 IC 卡之类的小物件上，而不再需要使用庞大的计算机系统。当然，以前一直被认为与应用无缘的数学对象和方法，有可能在某一天突然华丽转身，成了“有用”的东西，这种事情以前也出现过。正因为如此，人们常常会说数学理论“现在也许没用，但在遥远的将来说不定就是有用的”。从这个意义上来说，也许你会认为刚才所讲的椭圆曲线的例子只不过是屈指可数的几个数学对象的成功故事中的一个。

当然，这或许也是事实，但是这样的成功故事在今天已经越来越多，几乎已经是随处可见了，在某种意义上，这已经成了“家常便饭”。因为以前这样的事情比较少见，所以才会有人说“数学现在虽然没有用，但在将来会有用的”。如果今天还说这种话，那就可能会让人觉得有点儿孤陋寡闻了。

在今天这个时代，数学的（传统上所说的）成功故事已经随处可见，“泛滥成灾”了。那么，还有哪些例子呢？

也许有些读者听说过“持续性同调”这个词。现在有一个称为拓扑数据分析的数学分支，它是进入21世纪之后由数学工作者发展出来的一种强有力的数据分析方法，它的底层基础是代数拓扑学，这也是一个自19世纪以来就存续着的传统意义上的高深数学分支。持续性同调的分析方法在今天迅速得到关注，甚至渐渐具有了划时代的意义。这里重要的一点是，这并不是简单地把代数拓扑学的方法直接拿来应用，而是与这个数学分支中的本质性的方法有着深度关联。因此，这个新兴学科不仅对于那些应用方面的工程师来说，而且对于以拓扑学为专业的数学工作者来说，都是一种非常意味深长的创新。这也促进了与持续性同调相关的纯粹数学方面的研究活动。但是，我还从来没有听过有人因为这种情况就把代数拓扑学称为应用数学的。

在所谓的“金融工程”领域里，研究者需要具备数理金融学方面的素养，特别是在最近，借助伊藤积分、随机微分方程等工具建立起来的金融模型，例如著名的布莱克 – 斯科尔斯（Black–Scholes）模型等，得到了广泛应用。如果把这种数学称为传统意义上的应用数学的话，想必有很多数学工作者和金融专家都会对此产生抵触情绪。实际上，金融工程虽然名字里有“工程”，但它其实是一个非常需要（传统意义上的）纯粹数学素养的领域。现在，世界各国都涌现出了很多这样的金融专家——“quant”[①]。他们不仅拥有实际的金融技术，还具备高度的数理科学实力，能够灵活运用高深的数学理论和抽象的数学模型。从这个意义上说，最近围绕数理金融和quant人才辈出的世界动向，并不是将随机微分方程这一纯粹数学直接应用到金融工程领域这样一个单方向的简单

① 宽客，金融数学家。——译者注

模式，而是把它们融合成了一个整体。这表现了一种更加成熟的数理科学技术的模式。

再说一个例子。在机器学习领域里，“深度学习”备受关注。甚至有人说，这是 21 世纪最伟大的发明之一。以深度学习为代表的“神经网络”已经存在了很长一段时间，它之所以能够被应用到计算机等领域并取得如此多的成果，其原因是计算机性能的提高。但是，若仅仅依靠硬件技术的进步，机器学习并不能取得如此大的进步。而正是因为有了计算效率极高的编程技术等软件技术的提高，它才取得了今天的进步。这其中有很多意味深长的想法，它们大部分都有数学背景。例如，“误差反向传播法”将学习的损失函数梯度化的过程变得非常简单，带来的结果就是，学习的计算速度有了划时代的提高。这个想法的背景，实际上就是在高中数学和大学一年级微积分里面学习过的“链式法则”（复合函数的微分法）。误差反向传播法与前面介绍的各种事例相比，可能显得有些过于专门也过于平淡了，链式法则在微积分学的各种基本定理中也不是那么引人注目。但是，数学与现实社会的关系是如此密切，以至于在这些看似不起眼的地方，数学也有效地引发了革新。而且，我想任何人都能看得出来，应该不会有人把微积分称为应用数学吧。

另外，在神经网络的世界里，有一种称为“卷积神经网络”的东西，它在图像的学习中发挥着巨大的威力，其背景就是（傅里叶）分析在图像处理中的作用。像这样，在深度学习的世界里从基础的东西到高深的东西，几乎随处都能找到数学概念的影子，卷积神经网络简直就是一个“数学的宝库”。

话说回来，计算机到底是个什么东西呢？最早是艾伦·图灵这位英国数学家构思了一种现在叫作图灵机的数学模型，后来是信息论的创始人克劳德・香农和数学家冯・诺依曼等人为其建立了理论基础，最后具体实现出来，就成了计算机。现在看来，数学已经渗透到日常生活的各个角落，甚至渗透到最深处，没有接受过数学恩惠的事物反而越来越罕见了，这种状况并不是刚刚出现的。比如说，智能手机就是计算机的某一种进化了的形态，数学以这样的形式已经深深地扎根在我们的日常生活之中了。智能手机这种东西，简直就是用数学理论组装起来的。

艾伦・图灵
Alan Turing
（1912—1954）
照片提供者：akg-images/ アフロ

冯・诺依曼
von Neumann
（1903—1957）
照片提供者：SciencePhotoLibrary/ アフロ

数学有着无限的可能性

前面我们已经说过，数学是由多种多样的对象和想法交错在一起而形成的体系，就像是多种拳法的格斗大赛的赛场。正因为它是这样一个多样且广泛的学科，所以它才具有了能够应对任何情况的灵活性。因此，随着社会的进步和技术的多样化，数学的直接适用性也在不断增大。与此同时，数学本身也会持续进步。数学的进步与社会的进步总是同时进行的。实际上，从制度层面和社会层面的变化的角度来看，数学与社会携手并进的身影，至少现在已经在其所到之处都有体现。以所谓纯粹数学（按照以前的叫法）为基础，为了推进数学与科学技术及工程的横向研究，已经有越来越多的竞争性的资金开始向这方面投入，这也是上述发展趋势的一种表现吧。

举例来说，日本学术振兴会科学研究费补助金特设了“联合探索型数理科学”这个研究领域，它把寻找数学和广泛的其他领域（不仅包括理工科技术，还包括语言学和社会学等）之间的“意想不到的联合”放在了中心的位置，因而也就不再倾向于以往那种看起来比较容易获得结果的课题，而是更愿意把那些也许暂时无法判断可能或者不可能实现但具有很强的新奇性的前卫课题当作重点对象进行扶持。在这里，我们也是把“数学本身”看作基本的出发点，进而去探究从它的灵活且无限的资源中，到底能引出多少跨领域研究的可能性。例如，下面就是从平成 29 年（即 2017 年）通过的课题中摘录出来的一些关键词：量子网络、分子级联（cascade）、轴突运输（axonal transport）、软体动物、控制论、语言的意义、运动方式、甲状腺癌、政策评价方法、计算机辅助解析、形成机制、新一代电子材料、活体生命信息、生命智能、菌落形成、南极湖泊、活性化控制、基因组编辑技术。

对于很多专家、非专家来说，这样的状况已经成为理所当然、司空见惯的事情了。在平成 26 年（即 2014 年）的日本学术会议数理科学委员会的建议《数理科学与其他领域的科学和产业的联合》中，对于这方面的状况的演化做出了下面的描述。

现在，数理科学与其他领域的科学和产业进行合作研究的时机正在到来。（中间省略）并且，从 2013 年开始，为了促进数理科学和其他领域的共同研究，日本学术振兴会还设立了专项科研经费，政府也在大力支持。

在现代这样价值多样化、科学技术日趋成熟和精炼的社会里，再要找出那种（传统说法里的）“不能使用”的数学恐怕已经很困难了。因此，即使是望月教授的 IUT 理论，将来也完全有可能在某些地方得到应用。而且，这也许并不是遥远未来的事情。

第③章　跨视宇几何学的研究者

数学的变革

在望月教授把他的论文正式发布出来以前，我就有了这样一种感觉，他的这个理论恐怕要经历相当长的时间才能被数学界所接受，这个时长很可能会远远超出以往。我觉得应该至少需要 10 年的时间，甚至 30 年也说不准。但我还是一直认为，正因为这个理论足够新颖，并且植根于非常自然的想法，所以只要这些观念能够渐渐传播开来，总有一天它是会被人们完全接受的。

我在这里特意提起这个老早就有的想法，是希望告诉读者，望月教授的理论就是能够给人一种崭新而且从根本上打破了旧有基础的印象。我那时就隐隐觉得，这个理论说不定会让数学这个学科发生深刻的改变，而且可能是一场巨大的变革。即便把它放在数学的悠长历史之中，也未必能找到与之匹敌的事例。19 世纪，西方数学界曾发生过巨大的变革，这主要是因为伽罗瓦和黎曼等人提出了崭新且极富创见的想法。与此同时，他们的想法在很长时间里都难以被当时的数学界所接受，这在数学史上也是耳熟能详的故事。我抱着“望月老哥的这些想法是不是也会引发同样的事情呢?”这样的想法，期待着那一天的到来。之前，我曾写过一本面向普通读者的书[①]，那时我就在各个地方明里暗里地做着预告，“在不久的将来，也许就会发生改变整个数学的巨大变化”，这当然是因为想到了望月教授正在进行的那项工作。到目前为止，算上本书，我已经写了好几本面向普通读者的数学科普书，其中也屡次谈到我个人的数学观以及对数学进步的看法。现在，我更加深切地感受到，这些想法很多都是在与望月教授的交流中以及在他的数学工作的影响下形成的。

当然，作为一个旁观者，我也猜想到由于他的理论具有非常强的新颖性，它被数学界接受的过程很可能也会像伽罗瓦和黎曼那样经历漫长且曲折的路途。从这个意义上来说，我应该是更多地感到了一种不安。而且，事实上这种不安的感觉在某种程度上还真是应验了。

话说回来，我们在前面也说过，望月教授虽然最近一段时间并没有去过外国，但以前还是去过的。我第一次见到望月教授，就是在巴黎的亨利・庞加莱研究所，那是 1997 年的事情。当时我还是日本九州大学的助教，在进入九州大学工作之前，我的学生时代是在京都大学度过的。望月教授来到京都大学的时间是 1992 年，这么说来，我们两人初次照面的时间可能远远早于 1997 年。不过，京都大学真是一个不可思议的地方，虽然我所在的理学部数学教室和他所在的数理解析研究所仅仅相隔不到 200 米的距离，但我记得（至少在当时）似乎很少有人在两个建筑物之间往来走动。所以说，即使我们第一次相遇的地点不是京都而是巴黎，我们也没觉得这有什么奇怪的。

---

① 『数学する精神－正しさの創造、美しさの発見』中央公論新社，2007 年。书名的中文意思是“数学思考的精神——创造正确，发现美丽”。

1997 年上半年，亨利·庞加莱研究所召开了一场关于 p 进上同调的长期研讨会，许多与此相关的研究者都一直待在那里。这其中也有很多来自日本的参加者，我就是其中之一。那时，我一直在巴黎待了差不多 3 个月。记得有一天我正在计算机室里面对着计算机，望月教授走过来跟我打了个招呼，说读了我的硕士论文。那时候，他已经是京都大学数理解析研究所的副教授了，他在研究工作上的众多成就大半已经完成，或者说正处于研究阶段。

32 岁成为京都大学教授

到目前为止，我们一直在强调，由于望月教授的 IUT 理论具有高度的独创性，导致它在数学工作者的圈子里的传播进程不是那么顺利，这可能会让读者产生这样一种印象，好像他以前就是这样一个人，一个在数学界里的悬浮性存在。但是，至少 2000 年以前的望月教授并不是这样的，那时，他是一个能力超强且有前途的年轻数学工作者，他不断地提出独创且意味深长的理论，获得了全世界的赞赏。当然，这些赞赏到今天也没有发生改变。关于这方面的情况，我们也需要一点一点地做个介绍。

格尔德·法尔廷斯（1954—　）
Gerd Faltings
照片提供者：Ullsteinbild/ アフロ

首先，我们还是来简单介绍一下望月教授的经历吧，虽然这给人一种“怎么现在才进入正题”的感觉。望月教授是日本昭和 44 年（即 1969 年）3 月在东京出生的，所以，与昭和 43 年 7 月出生的我也算是同一个学年了。但是，他并没有像我那样在日本接受学校教育。因为在 5 岁那年，由于父亲工作调动的关系，他跟着去了美国。在那以后，除了初中的时候回日本待了一年以外，他一直都是在美国接受的教育。他上的高中也是传统的名校菲利普斯埃克塞特学院（Philips Exeter Academy）。1985 年，从菲利普斯埃克塞特学院毕业后，他入读美国普林斯顿大学，并于 1988 年毕业，那时他才 19 岁。然后，他直接进入了该大学的研究生院深造，在那里，他的导师就是我们在本书里多次提到过的法尔廷斯。不过，据望月教授本人说，他并没有得到法尔廷斯手把手的指导。但是，正如稍后我们会讲到的，法尔廷斯向他建议了其博士论文的研究课题，这个课题非常重要，也对他之后的研究起到了决定性的作用。

1992 年，望月教授完成了其博士论文，并从研究生院顺利毕业，那时他才 23 岁。在获得博士学位之后，他立刻被京都大学数理解析研究所聘为助教。随后在 1996 年，他以 27 岁的年龄晋升为副教授，2002 年又以 32 岁的年龄成为青年教授，之后一直工作到现在。

据我所知，32 岁就成为京都大学的教授，这在最近几年里应该是最为年轻的。不仅是京都大学，在日本的大学里，虽然我不太清楚最年轻教授的纪录是多少岁，但我想望月教授应该是近年来最年轻的吧，即使不是最年轻的，也应该是非常接近最年轻的了。在数学的世界里，成为大学教授的平均年龄是多少，这样的统计数字可能根本不存在，所以我也不是太清楚。但是，如果 40 岁出头就已经是教授的话，那也应该算是相当了不起了。在 32 岁就能成为大学教授，实在是令人惊讶。

烤肉和电视剧

望月教授这个人，作为一个数学家，称他是天才也是毫不为过的。他的确是一个非常厉害的人。但是另一方面，作为一个普通人，他也是非常有魅力的人。在这里，我想以朋友的身份稍微介绍一下身为普通人的望月老哥。为此，无论如何不得不提到我和望月教授的一些个人趣事。因此，在这一节里，我将使用“望月老哥”这样的称呼。

记得那还是 2005 年 7 月的事情，有一天我正走在京都大学北校区的银杏大道上，偶然撞见了骑着自行车的望月老哥。在那之前，我们也算是有了一定的交情，我也曾多次邀请他来我主办的研究集会上做过报告。但是，就像前文说过的那样，因为我们两人分别隶属于京都大学的数学教室和数理解析研究所，平常见面的机会并没有那么多。这一次的偶然撞见，应该算是久违的重逢了吧。

在那个时候，望月老哥已经在着手建立今天大家所见的 IUT 理论。实际上，早在 2000 年前后，望月老哥就已经以 ABC 猜想为目标开始构筑一系列极富独创性的数学理论，并获得了同行们的一致好评，包括我在内的很多人都对此津津乐道。在随后的几年时间里，望月老哥和玉川安骑男、松本真（现任日本广岛大学教授）还组织了 MMT 讨论班[①]。

不过，当时的我对于 IUT 理论还谈不上有多少了解。所以，2005 年 7 月那次在京都大学校园里偶然撞见，因为我们也很久没有见面了，就一起去了附近的餐馆里吃晚饭。在饭桌上，望月老哥打开了话匣子，

---

① “MMT 讨论班”是以望月、松本、玉川三人英文姓名的首字母来命名的讨论班。后来，藤原一宏（现任日本名古屋大学教授）也加入了这个讨论班，我曾经去参加过两次。

跟我谈起他自己正在构建的那套理论的许多事情。吃完饭以后，我和望月老哥又一起散步回研究室。沐浴着初夏的晚霞，我们走过了被农学部的试验田包围着的北校区小道，在快要分手的时候，望月老哥突然向我提议说："要不然我们两人就组织一个定期的讨论班吧？"我当时对望月老哥的理论已经非常感兴趣了，当然是二话不说就同意了。

第一次的讨论班是在 2005 年 7 月 12 日举行的。从那以后，我们的讨论班基本上是每个月举行几次，到最后是每个月举行一次，就这样一直持续到了 2011 年 2 月 15 日。

讨论班的地点就定在理学部 6 号馆 8 楼我的研究室，我们一般是在授课等工作结束之后的傍晚进行讨论的。在最初的一段时间里，每次讨论班开始之前，我们都会一起先去吃晚饭，然后去我的研究室，在那里开始讨论，大概是这么个顺序。但是，后来改成了讨论班结束后再去吃晚饭，之后就没有再变过。下面就是我们讨论班每次讨论的大致过程。

一开始总要闲聊个 10 分钟左右。给我留下深刻印象的是，望月老哥竟然对时事问题非常了解，他经常能就这方面的问题提出十分敏锐的见解。而且，一旦聊起和政治有关的话题，望月老哥谈话的兴致也会渐渐高涨，不知不觉就会多说几分钟。另外，当时还有一件事情也让我十分意外，那就是望月老哥非常喜欢数码产品，甚至对新产品有着盲目的追逐倾向，他经常会去买一些刚刚问世的数码产品，而且入手以后，他还会向我展示一番，脸上总是洋溢着满足的笑容。

在闲聊的各种话题中，出现得比较多的是那些和电视剧情节有关的内容。实际上，望月老哥是相当爱看电视的人，他还特意准备了一台摄录机，他绝对不会放过任何一个想看的节目。而且，望月老哥好像最喜欢看的是电视剧，一些热门的电视剧他大致都看过[①]。在聊天的时候，他会针对当时的电视剧发表一些评论，有时还会把电视剧的情节和自己的数学研究内容结合起来，做一番极为独特的解释，简直挥洒自如。

望月老哥对于电视剧的这种热爱，通过他的博客[②]，说不定读者们早就有所了解了。

闲聊一阵以后，我们决定接下来要做的是确认下次讨论班的日期。比如说，如果我刚好需要出差的话，讨论班就暂时不能进行了，所以要在此时确定好下次讨论班的日期，而且顺便也对再下一次讨论班的日期做个预测。等这些事情说完之后，终于轮到数学方面的话题了。首先，望月老哥要讲述一下上次讨论班之后的一些进展情况。这时就需要使用白板了。他会先用10分钟左右的时间介绍一下IUT理论那篇论文的写作进度。不过，有时候他也会谈一些与讨论班的主题没有直接关系的话题，比如说学生的指导状况、新来的留学生的事情等，我也偶尔帮着望月老哥出出主意。除此之外，他还会在适当的时候展望一下那篇关于ABC猜想的论文在最终完成之前还有哪些具体的工作要做。当然，随着理论的逐渐成形，这种展望也会变得越来越具体。但有时也会说到，哪些部分的工作所需要的时间可能比当初预想的还要长等。因此，对这个方面的探讨一直都在发生着细微的变化，而且是一点一点变得具体起来。

在完成了这些热身工作之后（此时已经过了差不多30分钟），终于可以进入讨论班的正题了。他会在白板上一一列出当天的主题。正式开始后，我基本上就是一个倾听者，不时也会提一些问题或者发表一下自

① 但是他自己常感叹说，最近实在是太忙了，连追剧的时间都没有了。

② 『新一の「心の一票」』。

己的看法。每当白板上写满内容以后，我们就会各自拍照留存。

在我们两人的讨论班刚刚起步的时候，望月老哥的IUT理论的基本方向其实已经大致确定了，这一点从讨论班的内容上也能反映出来。在最初的一段时间里，我们主要讨论的是围绕核心想法的那些背景问题和思考历程，以及范畴框架下的几何学话题，还有就是对于望月老哥已经构建完成的那部分理论的概述等。

在我的记忆中，在这一进程里，我们最先讨论到的一个非常技术性而且很实质的内容就是“跨视宇极限”这个概念。然后我们发现，“跨视宇极限”的应用在技术上也是相当困难的，需要各种各样的想法和手段都被拿来尝试和检验。望月老哥在概念构建的过程中一次又一次地推倒重来或者不断改进。随着工作进展的推进，我感到他在展望自己的理论时越来越有信心了。

但是有一天，望月老哥突然意识到这里其实没必要取“极限”。我记得这个发现对望月老哥来说是非常重要的。以此为契机，他萌生了算术网格的想法，或者也可以叫算术椭圆曲线，并最终形成了对数Θ网格（log-theta lattice）这样一个基本概念。这些想法的产生应该是在2008年左右。在我印象中，他也是在这个时期开始关注针对“加法和乘法”这两个维度进行Teichmüller形变这个主题，并确定了现在我们看到的那个概念架构。

像这样的观念上或者数学上的新发现，在我们的讨论班上时有发生，这常常令我兴奋不已。就是在这种连续不断且多角度的深入研究之中，随着时间的推移，我们逐步确信，只有“IUT理论”才是正确的理论框架。2009年7月20日，白板上终于写出了ABC猜想的证明，这正是以刚刚建立不久的IUT理论为基础而得到的结果。在那个时候，整套理论的核心部分应该已经相当清晰了。

每次讨论班结束之后，我们两个人就会一起去我们都比较喜欢的饭馆吃饭。最终，都是在今出川路上搜寻那些沿路的饭馆，偶尔也会骑自行车去稍微远一点的地方，最远的时候甚至到达了北山路一带。一开始的时候，我们去过很多不同类型的餐馆吃饭。但是后来知道了望月老哥非常喜欢烤肉，而我也恰好很喜欢，所以接下来我们每次吃饭就都是烤肉了。当时，在百万遍十字路口附近有一家味道非常不错的烤肉店，是我们最喜欢的一家，所以每次都去那里吃。不仅每次都去同一家烤肉店，而且每次都点同样的菜。我记得我们所点的菜有牛肋条肉、牛横膈膜、猪五花肉、柚子胡椒烤鸡、白葱。其中，只有白葱必须是双人份，其他都是单人份。然后，我还会点生啤酒，他一定会点米饭。

如果某段时间我去国外出差的话，那么讨论班自然就会暂停。但是，望月老哥会特意在我们平时举行讨论班的那个时间，一个人跑去那家烤肉店吃饭。看来，望月老哥真是非常喜欢那家店。但是，大概是在 2009 年中的某一天，那家店突然关门不做了！我们两个都感到非常震惊。那天，我们站在已经不存在的店门口，沉吟了好一会儿。

在那之后的一段时间里，我们去尝试了附近各种各样的烤肉店。对每家烤肉店的考察都是望月老哥进行的。最后，我们终于在一家烤肉店固定下来，但还是对往昔那家百万遍十字路口的店念念不忘，吃饭的时候还常常叹息着说："某某店真的很不错啊。"

就这样，我们两个组织的这个悄无声息的讨论班，在电视剧、数码产品和烤肉的陪伴下，踏实、稳健地向前迈行着。因此，当我在 2011 年离开京都大学，讨论班也不得不终止的时候，我们彼此都感到非常遗憾。不过幸运的是，在那之前，IUT 理论的蓝图已经基本上绘制完成了。他的整篇论文也预计会在 2012 年最终完成。从这个意义上来说，我们的讨论班也算是达成了它的使命。

我们在 2011 年 2 月 15 日举行了最后一次讨论班，那次的情景是我难以忘怀的回忆。当时，我的研究室里已经堆满了搬家用的纸箱。看到这一幕，望月老哥发出长长的感叹："啊！"我们的讨论班还没有讨论过 IUT 理论的"主定理"，所以在最后一次的讨论班上，我们就决定来讨论一下这个问题。讨论班结束以后，就要离开这个房间了，望月老哥给我的研究室拍了很多照片，还念叨着"这可是充满回忆的地方啊"，这也给我留下了深刻的印象。

丢番图方程

前面我们已经说过，望月教授在普林斯顿大学的博士论文指导老师是法尔廷斯。1986 年，法尔廷斯因为解决莫德尔猜想而获得了菲尔兹奖。所以说，他在刚刚获奖之后就成了望月教授的指导老师。正因为这样，法尔廷斯向他的学生望月教授建议的博士论文题目就是"有效莫德尔猜想"。

法尔廷斯所解决的那个原本的莫德尔猜想是一个与所谓"双曲型代数曲线"这种对象的"有理点"有关的猜想。换个方式来说，它是一个关于某一类型的方程组[①]的有理数解的问题。

当然，对于方程这种东西，如果能够完全解出来的话，那是再好不过了。但是，有很多方程并不是那么容易求解的。因此，在很多情况

① 所谓"方程组"，就是由多个方程构成的联立方程。

下，一个方程具体会有什么样的解常常是一个很难回答的问题。不过，即使不知道具体的解是什么样的，我们还是可以探讨一些比较定性的问题，比如“解是否存在”“如果解存在的话，大概会有多少”等，这一类问题处理起来也会稍微容易一些。举例来说，我们在初中和高中都学过（实系数）一元二次方程，要想知道它有没有实数解，只要计算一下判别式就能确定了。另外，如果考虑复数解的话，那么无论何时解都是存在的。但是，一旦我们把寻找实数解或复数解的问题改成寻找有理数解或整数解的问题，那么在通常情况下，这件事就会陡然变得困难起来。我们知道，整数是指 1, 2, 3, …这样的正整数再加上 0 和负整数 −1, −2, −3, …。有理数是指可以用整数和分数的形式写成的数（参照方框里的小短文“有理数和无理数”）。一个给定的方程有没有有理数解或整数解这样的问题，与有没有实数解或复数解的问题有着本质上的不同，它往往是一个更加微妙且更加困难的问题。

有理数和无理数

我们在表达面积、体积等数量的时候所使用的那种数就是一般所说的实数。实数又分为有理数和无理数两类。正文中已经说过，自然数包括零和正整数（大于零的整数），如 0, 1, 2, 3, …。后就得到整数；能够写成两个整数相除的那种形式的数称为有理数（分母不为 0）。有理数在实数中随处可见，非常稠密。之所以这么说，是因为对任意两个实数 a 和 b 来说，两者之间一定存在有理数（而且有无穷多个）。但是，实数里并不全是有理数。比如说，$\sqrt{2}$ 就不是有理数，这件事在古希腊时代就已经被人们所知了，而且这件事非常有名。这些不是有理数的实数称为无理数[①]。既然有理数在实数中已经极为稠密了，可能有人会觉得无理数一定很稀少。但情况恰恰相反，我们现在已经知道，绝大部分的实数都是无理数，有理数反而在实数中像是比较例外的数[②]。

我们把上面这类问题统称为"丢番图方程"的问题。具体来说，就是对于给定的（有理系数的）方程组寻求有理数解或整数解的问题，或者考察解的存在性和解的个数的问题。在众多丢番图方程的问题中，比较有代表性的是毕达哥拉斯三元数组（亦称勾股数组）问题，以及由此而产生的费马大定理。关于毕达哥拉斯三元数组，请看方框里的小短文"毕达哥拉斯三元数组"。

毕达哥拉斯三元数组

毕达哥拉斯三元数组问题是这样一个问题：求出满足方程

$$x^2+y^2=z^2$$

① 有些文献里把发现 $\sqrt{2}$ 是无理数这件事称为"第一次数学危机"，因为它颠覆了毕达哥拉斯学派的哲学信条，"无理数"这个名称也与此有关。——译者注

② 康托尔发明了著名的"对角线方法"，以此证明了实数集与有理数集之间不可能找到一一对应的关系，因而实数远比有理数多。更多信息可参考《数学女孩：哥德尔不完备定理》第 7 章，结城浩著，丁灵译，人民邮电出版社 2017 版。——译者注

的所有自然数解。我们也可以换一种解释方法，比如把这个问题理解为：找出所有 3 边都是自然数的直角三角形，即这个三角形的一条直角边为 x，另一条直角边为 y，斜边为 z。现在 $(x, y, z)=(3, 4, 5)$ 就满足上面的方程，因而 (3, 4, 5) 是一个毕达哥拉斯三元数组。这个例子表明，毕达哥拉斯三元数组问题至少有一个解。而且，我们很容易验证，(5, 12, 13)、(8, 15, 17)、(7, 24, 25) 也都是毕达哥拉斯三元数组。当然，(3, 4, 5) 的两倍 (6, 8, 10) 也是毕达哥拉斯三元数组，其 3 倍、4 倍等也同样是毕达哥拉斯三元数组。不过，即使不采用这种不断加倍的方法，像上面举出的 (3, 4, 5) 和 (5, 12, 13) 这种相互并无倍数关系的毕达哥拉斯三元数组也能找到无穷多个，这件事在遥远的古代就已经被人们发现了[①]。

毕达哥拉斯三元数组问题是更一般的丢番图问题的一个典型例子。在丢番图讨论这个问题的地方，费马写了个边注，这就引出了著名的费马大定理，相关事实我们已经在第 14 页的方框中的小短文给出了简要的说明。

就像上文中说的一样，这个问题是要找出所有满足 $x^2+y^2=z^2$ 的整数数组 (x, y, z)，如果把方程两边除以 z^2，再把 $\frac{x}{z}$ 、 $\frac{y}{z}$ 分别改为 x、y，我们就能得到

① 更多信息可参考《数学女王的邀请：初等数论入门》第 2 章，远山启著，逸宁译，人民邮电出版社 2021 版。——译者注

$$x^2+y^2=1$$

也就是说，问题归结为找出那些能够满足半径为 1 的圆（以下称此为单位圆）的方程的有理数组 (x,y)。

有效莫德尔猜想

一般来说，像前面说的那样，假设给定一个用方程定义的图形，并假设其中一点的坐标 (x,y) 是由有理数组成的，那么这个点就称为有理点。比如说

$$(x,\ y)=(0,\ 1) \text{ 和 } (x,\ y)=\left(\frac{3}{5},\ \frac{4}{5}\right)$$

都满足单位圆的方程，所以它们都是单位圆的有理点。就像上文中说的那样，毕达哥拉斯三元数组中有无穷多个本质上互不相同的数组，这就意味着单位圆上的有理点有无穷多个。

但是，我们在这里稍微改变一下方程，设 p 是一个大于等于 3 的素数，考虑下面这个方程

$$x^p+y^p=1$$

这和之前考虑过的单位圆方程稍微有点不一样，不过看起来好像也没有太大的区别。但是，在这种情况下，有理点的存在方式发生了剧烈变化。实际上，费马大定理声称在这种情况下，有理点只有

$$(x,\ y)=(1,\ 0),\ (0,\ 1)$$

而且，我们知道怀尔斯已经证明了费马大定理是正确的，所以，有理点确实就只有这两个点。

也就是说，结果是这样的：在上述方程中，当 $p=2$（即单位圆的情况）时，有理点有无穷多个，但当 p 大于等于 3 时，有理点就只有有限个。当然，既然曲线方程已经发生了变化，那么解的个数产生这样的变化似乎也不是很奇怪的事情。但是，从无穷多个变为有限个，这确实是一个很大的不同。

我们来举一个更容易理解的例子，比如可以考虑下面的方程

$$x^2+y^2=3$$

这是一个半径为 $\sqrt{3}$ 的圆，所以你可能会觉得，它和半径为 1 的单位圆应该不会有太大的区别。但是，实际上，这种情况下的方程根本没有有理点（见方框里的小短文“为什么 $x^2+y^2=3$ 没有有理点？”）！

就像这些例子所显示的那样，一个图形的有理点与该图形的方程之间有着复杂的联系，方程的形状非常微妙地影响着有理点的个数。详细地分析这种影响，求出图形的有理点以及方程的有理数解，或者计算出这种有理点的个数等，这些都是“丢番图方程”的问题。

为什么 $x^2+y^2=3$ 没有有理点？

对于任何整数来说，要么它可以被 3 整除，要么它除以 3 之后的余数是 1，要么它除以 3 之后的余数是 2，三者必居其一。能被 3 整除的整数在平方以后还能被 3 整除。而对于不能被 3 整除的整数

来说，等式

$$(3n+1)^2 = 9n^2 + 6n + 1 = 3(3n^2 + 2n) + 1$$
$$(3n+2)^2 = 9n^2 + 12n + 4 = 3(3n^2 + 4n + 1) + 1$$

表明，它的平方在除以 3 之后的余数必然是 1。下面我们使用反证法来说明 $x^2+y^2=3$ 没有有理点，为此只要先假设 $x^2+y^2=3$ 有一个有理点，再由此引出矛盾即可。现在设 $x^2+y^2=3$ 确有一个有理点，也就是说，我们能找到 3 个正整数 p, q, r，使得

$$\left(\frac{p}{r}\right)^2 + \left(\frac{q}{r}\right)^2 = 3 \text{ 即 } p^2+q^2=3r^2$$

而且，我们还可以假设 p, q, r 中至少有一个不能被 3 整除。这是因为，如果三者都能被 3 整除，那么我们就可以对 $\frac{p}{r}$ 和 $\frac{q}{r}$ 进行约分，直到 p, q, r 中至少有一个不能被 3 整除为止。

此时，p^2+q^2 是两个整数的平方和，而且能被 3 整除。我们知道不能被 3 整除的整数在平方后一定是除 3 余 1 的，这就表明 p^2 和 q^2 都必须是能被 3 整除的。也就是说，p 和 q 都是能被 3 整除的。于是，我们可以把 p 和 q 写成 $p=3p_1$ 和 $q=3q_1$ 的形式，其中 p_1 和 q_1 都是正整数。把它们代入上式，整理后得到

$$9p_1^2 + 9q_1^2 = 3r^2 \text{ 即 } 3p_1^2 + 3q_1^2 = r^2$$

这意味着 r 是能被 3 整除的。因而 p, q, r 都成了能够被 3 整除的

数。但我们在前面假设了 p, q, r 中至少有一个不能被 3 整除，这就产生了矛盾。根据反证法的原理，$x^2+y^2=3$ 没有有理点这件事就获得了证明。

回到法尔廷斯所证明的莫德尔猜想。我们来说一说，莫德尔猜想到底是个什么样的猜想吧。（在有理数域的情况下）莫德尔猜想的陈述是：定义在有理数域上的亏格大于等于 2 的曲线最多只有有限个有理点。例如，对于前面所考虑的费马型曲线

$$x^p + y^p = 1$$

如果 p 大于等于 5，那么该曲线的亏格就会大于等于 2。在这种情况下，它上面的有理点确实只有有限个。

这里出现了一个新的名词，就是亏格，它的具体含义我们不必太在意。简单来说，方格就是对于考虑那条曲线的（稍微专业一点，就是拓扑学意义上的）“形状”的一种描述。莫德尔猜想把曲线的“形状”与有理点的个数结合了起来，因而它是一个非常优美的猜想，但同时也是一个非常具有挑战性的问题。人们曾经认为这是一个非常困难的问题。正因为如此，我们才知道法尔廷斯的工作确实是非常了不起的。

法尔廷斯向他的学生望月教授提出的问题就与莫德尔猜想有关。虽然莫德尔猜想本身所说的是（在亏格大于等于 2 的情况下）有理点至多只有有限个，但并没有说具体是多少个，或者对于有理点的个数做出定量的估计。因此，即使我们知道了一条给定曲线的有理点只有有限个，仍然难以做出清晰的估计，比如有理点可能完全就没有，也有可能虽然

是有限的，但个数多得不得了。针对这种情况，法尔廷斯提出了定量版的莫德尔猜想，也就是所谓的“有效莫德尔猜想”（effective Mordell conjecture）[①]。这意味着只是泛泛地宣称曲线的有理点只有有限个是不够的，我们还需要进一步考虑曲线的有理点大概有多少个。

这样我们就能大致了解到，法尔廷斯向他的学生提出了一个多么有深度的问题。就说莫德尔猜想本身吧，那已经是非常困难的问题了，要不然法尔廷斯也不会因为解决了它而获得了菲尔兹奖。在这样的基础上，还要证明有效莫德尔猜想，这道作业题实在是很难完成的！这个问题到底有多大的难度，对此我们可能不太容易获得一个清晰的感觉。不过，这里可以提供一个大致的参照。实际上，有效莫德尔猜想和 ABC 猜想是等价的[②]。也就是说，由前者可以证明后者，由后者也可以证明前者。从这个意义上来说，这两件事的难度根本就是一样的！

Teichmüller 理论

我们不妨说，望月教授花费了 20 多年的时间，才完成了法尔廷斯给他布置的作业。当然，在过去的这 20 多年里，他也并不是只盯着这一个问题进行思考。但是，如果从这个角度来重新审视一下望月教授过往的那些工作和思考的历程的话，就会发现它们似乎都与 ABC 猜想有

① 根据望月教授的说法，法尔廷斯 在 1991 年 1 月建议他去思考这样的问题。但是，法尔廷斯似乎不记得自己曾经提出过这样的“建议”，但对于望月教授来说，这个建议却有着重大的影响，（某种意义上）甚至是一件很有冲击性的事情，所以当时的情景给他留下了非常深刻的印象。

② 详情见 Elkies, N.D 的文章：ABC implies Mordell, International Mathematics Research Notice, 1991, No.7 以及 Mochizuki, S. 的文章：Arithmetic Elliptic Curves in General Position, Math. J. Okayama Univ. 52 (2010), pp. 1-28。

着某些深层的联系，这一点倒是非常令人印象深刻。

因此，接下来，我们就从望月教授过去的工作中寻找一下它们与 IUT 理论之间的联系，并对其中的一些主要想法做一个非常简略的介绍和说明，且尽量不使用数学公式。

首先，我们想介绍一下他的一个早期的研究课题，称为“p 进 Teichmüller 理论”。“Teichmüller”这个名称在前面已经出现过了，而且也出现在“跨视宇 Teichmüller 理论”（IUT 理论）的名称之中，我们在前面已经做过解释。

望月教授后来提出了“IUT 理论这个新的数学理论，而且在他过去的工作中也出现了 p 进 Teichmüller 理论，因而无论是在日本国内还是国外，似乎很多人会把这两个理论混为一谈。其中，甚至有人误以为 p 进 Teichmüller 理论就是 IUT 理论的另一个名称。再加上望月教授确实出版过一本关于 p 进 Teichmüller 理论的奠基性著作[①]，这次与 ABC 猜想相关的一系列“骚动”，也被一些人误认为是和那本书有关的。这就完全搞错方向了。虽然我们不能十分肯定地说，p 进 Teichmüller 理论和 IUT 理论就是完全不相关的，但这两个理论毕竟是相互独立的，并且各有各的体系。

实际上，无论是 p 进 Teichmüller 理论还是 IUT 理论，都可以理解为是原本就已经存在的“Teichmüller 理论”的变化形式。p 进 Teichmüller 理论，就是把传统的 Teichmüller 理论（后面我们马上也会给出说明）对复数域上的复结构所做的事情移植到“p 进数域”这种数学结构上而建构起来的理论。使用同样的语言，我们也完全可以说，IUT 理论就是希

---

① Mochizuki Shinichi Foundations of p-adic Teichmüller Theory [M]. AMS/IP studies in advanced mathematics; v. 11, American Mathematical Society, 1999.

望把传统理论移植到“代数数域”这种结构上而形成的理论。因此，这些理论虽然都是与原有的 Teichmüller 理论相互独立的新理论，但是它们都是从传统理论中汲取了一些最基本的思考方法和理念，并以此为基础逐步发展起来的理论。

因此，为了给后面的讨论做准备，我们在这里就先对旧有的那个 Teichmüller 理论中的大致想法做一番简要的说明吧。这样，我们也相当于为本书后文继续介绍 IUT 理论迈出了最初的一步。

基于这样的考虑，我们想在这里对 Teichmüller 理论做一个不太正规的解说。之所以要特意采用一种并不正规的解说方式，是因为我们希望把通俗易懂放在最优先的位置上。因而，这里我们将只谈论一些观念性的想法。只要说明了这一点，对于后面的讨论来说就已经足够了。Teichmüller 理论的考察对象是那些具有“纵和横”或者“长度和角度”等两个维度的图形。具体来说，就是要考察黎曼曲面这样一种对象。我们先不管那么多，暂时就拿平面作为例子做观察吧。我们必须在平面上引入“复结构”这样一种东西。读者如果知道复数这个概念的话，那就可以这样来理解，我们这里考虑的不只是普通意义上的平面，而是所谓的复平面。对于不知道复数的读者来说，理解这件事可能有点儿困难，但可以按照下面这种方式来思考，也就是说，在这个平面上，我们不能把纵和横当作互相独立的事物，而必须让它们结合在一起形成某种结构。

举例来说，在复平面上，我们通常把横轴称为实轴，而把纵轴称为虚轴，它们在复数这个整体中各自起着确定的作用。因此，我们不能像普通的平面一样，把纵和横作为独立的维度来处理。同样，在这样一种结构中，长度和角度（分别对应图 3-1 中的 r 和 θ）因为复结构的关系而处在一种紧密结合的状态下，就像“一莲托生”这个词所描绘的那样[①]，这种结合关系是不能轻易撼动的。我们这里想要考察的结构就类似于这样的结构，就像“纵和横”或者“长度和角度”那样，虽然从图形上看是两个维度，但它们是以一种难以分离的方式联系在一起的，所以这两个维度不能各自独立地随意发生变化。复结构当然可以算是这样一种结构，但在数学其他许多领域中，我们也可以制造出或者发现很多类似的例子。

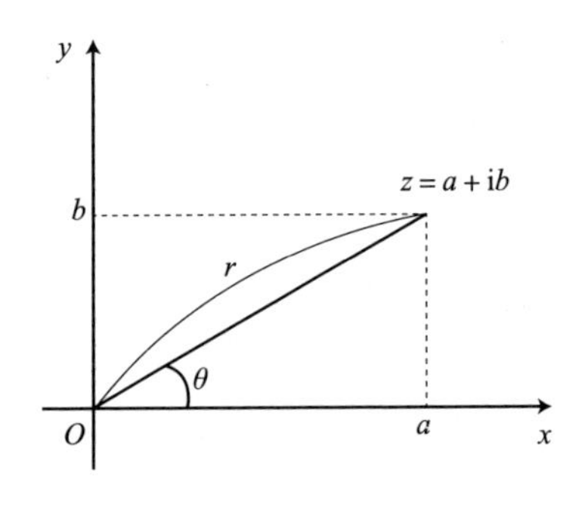

图 3–1 复平面

按照望月教授的用语，我们这里就把这种“两个维度像一莲托生那样相互结合在一起的状态”称为“全纯结构”（日文是“正則構造”，英文是“holomorphic structure”）。在那些具有全纯结构的图形中，让一个维度保持不动，而让另一个维度发生改变，这是不允许的，因为会破坏这个全纯结构。以“纵和横”这个情况为例，我们不能把长、宽相等的

---

① “一莲托生”是望月教授在说明这种状况时最喜欢使用的词语。它的原意是“死后在同一朵莲花上重生”，大概就是命运与共之类的意思。在这里使用这个词就是为了表达“两个维度处于联动状态而无法彼此分离”这样一层意思。

正方形变成长、宽不相等的矩形，因为这样就会破坏正方形的状态（也就是破坏了全纯结构）。

Teichmüller 理论则是要通过一种特别选定的方式来（巧妙地）破坏全纯结构，并积极地使图形发生形变的理论。这样一来，我们就可以将给定图形的各种形变全部写出来，进而考察那个由所有这种形变构成的空间。传统的 Teichmüller 理论会让图形进行适当的形变，通过破坏复结构这种全纯结构而产生新的图形，然后在形变后的图形上引入新的全纯结构，由此就定义出一个与原来的图形比较近似的图形。但是，这个新的图形还是与原来的图形略有不同的，而这种差异又可以通过全纯结构的不同而给出定量化的描述。如果我们能对两个近似的图形之间的差异做出定量化的描述，那就能够从数学的角度来定量地讨论它们之间到底有多近似或者有多不同。比如说，让一个长方形的垂直边保持不变，而让该长方形的水平边进行伸缩，就会得到纵横比例并不相同的一个新的长方形，而这个比例值就是对这两个长方形的形状差异的一种定量化的描述。

这种“破坏全纯结构的形变”一般称为“Teichmüller 形变”，这种思考方法对于理解 IUT 理论中的某个基本思想来说有十分关键的作用，后面我们就会看到。传统的 Teichmüller 理论主要关注的是那种我们称为黎曼曲面的图形中的两个维度，并在其上通过适当破坏复结构来产生各种形变，而 p 进 Teichmüller 理论则是要把复数换成 p 进数域这样一种结构，并在它上面考虑类似的问题。IUT 理论又与这些都不相同，不过仍然是要把某两个像一莲托生那样“缠绕”在一起的维度作为一种全纯结构，并在这种结构上考虑类似的问题。

上面这些内容看起来可能有点儿难懂，不过我们在这里只要能理解其中的基本含义就足够了。那就是“打破两个维度一莲托生的样子（全纯结构），通过固定一个维度并让另一个维度发生伸缩的方式来产生形变，由此制造出各种各样的图形，然后对它们的差异进行定量化的描述”（见图 3-2）。我们不妨把它的基本想法总结成这样一套口诀，也许会为后面需要回想起它的地方带来一些方便。

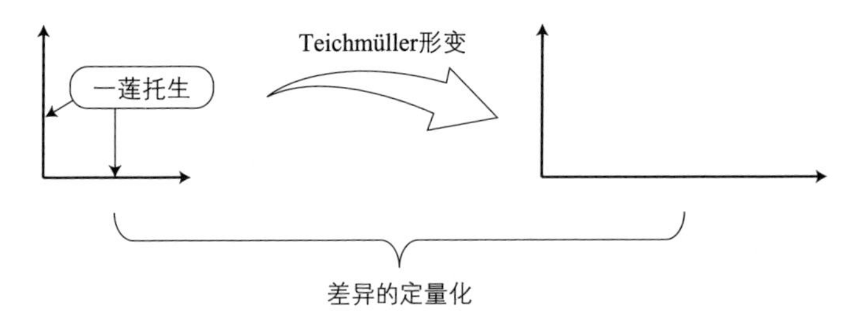

图 3-2 Teichmüller 理论的基本想法

远阿贝尔几何学

望月教授在正式开始建构 IUT 理论之前已经取得的成就可不只是 p 进 Teichmüller 理论这一个。他在很多其他问题上都取得了非常了不起的成就。这里，我们先来简单了解一下“远阿贝尔几何学”和“Hodge-Arakelov 理论”这两个领域，它们都与后面将要说到的 IUT 理论有着密切的联系。所谓远阿贝尔几何学，顾名思义，可以理解为“远远不是阿贝尔几何学”。这解释起来并不容易，不过简明扼要地来说，“远远不是阿贝尔”表达的就是“相当复杂”这样一种含义。在本书后面我们会简要地介绍一下“群”这个概念，作为群的一种性质，“阿贝尔”这个词的意思与“乘法可交换”是一样的。具有这个性质的群，一般来说，其结构都会比较简单。但是，这里所说的“远阿贝尔”则与此刚好相反，它指的是距离“阿贝尔”这个性质非常遥远的一种状态，也就是“相当复杂”的意思。所以远阿贝尔几何学，就是要通过这种结构上相当复杂的群来对图形（几何学对象）进行复原的一种理论。

我们来更为细致地解说一下。在算术几何学或者代数几何学中经常出现的那些图形（数学文献里把这些对象称为多样体或者概形[①]），一般都会与某种对称性有着密切的关系。简单来说，比如我们观察一下正方形这个图形，它显然就具有左右对称这样一种对称性。因此，如果一个图形的对称性是“远阿贝尔”的，也就是“相当丰富而复杂”的话，那么实际上在某种程度上我们只从该图形所具有的对称性出发就差不多能想象出原来的图形。也就是说，可以通过对称性来复原该图形。就拿正方形这个图形为例，如果我们知道某个图形具有正方形所具有的全部对称性，比如左右对称性、90° 旋转对称性等，那么基本上就可以（模模糊糊地）想象出原来那个正方形的样子，这里想表达的就是这样一个意思。

总结一下，远阿贝尔几何学最重要的部分就是“想要通过对称性来复原物体”这样一种思考方法。在后面谈到 IUT 理论的时候，我们还会对远阿贝尔几何学做一些更加详细的说明。而且在那个时候，这种“通过对称性来复原”的思考方法会成为非常重要的一件事，所以即使现在暂时不太明白，也不妨先把这句话留存在记忆里。

---

① 见 EGA 中译本《代数几何学原理》（高等教育出版社）。——译者注

Hodge–Arakelov 理论

Hodge-Arakelov 理论其实是一个非常专业的理论，想要以一种通俗易懂的方式对其做说明，恐怕没有那么简单。这个理论考察的是一种称为椭圆曲线的东西，目的是要把它的某种非常深层的结构揭示出来①。关于椭圆曲线，我们已经在第 2 章做了一些介绍。想来读者已经大概了解到这样一点，即椭圆曲线一方面已经是在我们现代人的口袋里随时就能遇到的一种数学对象②，另一方面又是一个有着深刻的理论意义的数学对象。望月教授提出的这个 Hodge-Arakelov 理论，揭示了椭圆曲线这个对象所具有的某种更深层的结构。从这个意义上来说，这个理论确实具有极其重要的意义。不过为了说明它的内涵，需要使用另外一些相当困难的数学理论，而且这个理论本身在后面的说明中也不会直接出现，所以我想我们在这里就点到为止地解释这么多吧。但是，我们还要特别指出下面这件事情，因为它与后面将要谈到的构建 IUT 理论的过程有关。

实际上，对望月教授来说，Hodge-Arakelov 理论也是促使他着手解决 ABC 猜想的一个直接诱因。2000 年前后，望月教授意识到，如果能够把 Hodge-Arakelov 理论的某个部分在数域上整体实现出来③的话，那就可以完全解决 ABC 猜想。为了做到这一点，就必须克服一些在当时看来非常难以逾越的障碍。而且，这种障碍来自数本身所具有的那种“坚硬”的结构，例如在普通意义的有理数上就有这样的结构。但这种

---

① 仔细说起来，Hodge-Arakelov 理论就是要在那些在椭圆曲线上定义的某些代数性函数与在描述椭圆曲线对称性的群上定义的函数之间建立一一对应关系的一种理论。

② 这里是指椭圆曲线密码技术已经用在了智能手机里。——译者注

③ 关于这些专业术语，我们会在本书的最后一章做个简单的说明，现在不必过于在意。

结构实在是数这个最自然的数学对象所具有的一种极为基本的结构，因而这种障碍也是非常自然的，要想克服这样一种障碍，对普通数学工作者来说，明显是一项不可能完成的任务。所以，在这样的情况下，普通数学工作者可能很快就会选择放弃。

但是望月教授并没有放弃。他在此后花了大约两年的时间进行彻底的检验，希望搞清楚这种障碍是不是真的无法逾越。最后得出的结论是，要想克服这种障碍，仅使用“现在的数学”是不可能的。事情到了这个地步，恐怕就算是相当厉害的大数学家也会选择放弃了。但是，他仍然没有打算放弃。当时他是这么想的，既然是这样一个情况，那就干脆创造出一套“新的数学”好了。由此，他迈出了构建 IUT 理论的第一步。

以上我们简要地介绍了 *p* 进 Teichmüller 理论、远阿贝尔几何学和 Hodge-Arakelov 理论。对于望月教授来说，这些理论在构建 IUT 理论的过程中都是不可或缺的。首先，Hodge-Arakelov 理论是 IUT 理论的一个直接诱因。其次，在构建 IUT 理论的过程中，望月教授之前所研究的 Teichmüller 理论的 p 进变化形以及远阿贝尔几何学等理论都成了非常重要的基石。

其中，关于 Teichmüller 理论的使用方法是非常值得一提的，它确实让人印象深刻。因为在构建 IUT 理论的过程中，Teichmüller 理论本身并没有被直接拿来当作“建筑材料”，而是它的那些基本想法和理念起了重要的作用。这与其说是数学方面的作用，不如说是在更根本的哲学层面上（或者说观念层面上）为新理论的建设提供了重要的启示。从这个意义上来说，并不是这个理论在技术上有多么重要，而是它为 IUT 理论这个新想法的成形指明了一条道路，这应该就是望月教授自己所找到的使用 Teichmüller 理论的方法。

道法“自然”

我们不妨做个比喻，在构建 IUT 理论的过程中，望月教授就像是独自一个人行走在崎岖山路上的探险家，他所走的每一步都是从来没有人走过的险途。既然从来没有人走过，也就不可能有道路方面的任何指引。一路上都必须十分小心，要认真观察沿途各个地方的景色，自然界的任何一点微小的变化都不能轻易放过，而且要充分利用手头所掌握的少量信息，来探索前进的方向。谁都不可能知道下一步到底是不是走在正确的方向上，望月教授本人恐怕也有很多事情是不知道的。那么如果要在这样的环境中继续前进的话，像望月教授这样的探险家会依靠什么样的线索来决定前进的方向呢?

这是一个很困难的问题。恐怕历史上那些做着全新工作的人都经历这样一种困难吧。因此，这样的问题在漫长的数学历史中应该反复出现过很多次了。正因为如此，它才称得上是困难的问题。所以我非常清楚，在这种事情上是不能随意发表自己的意见的。在承认这一点的基础上，我们还是可以说，如果非要举出一个在望月教授（或者历史上的那些天才们）决定自己的前进方向时所能依据的重要线索的话，那应该就是“出于自然”这样一种观念吧。

当然，不仅是数学的研究者，各个学科的研究者都会追求新事物，而且正因为如此，他们才会被称为研究者。既然是研究人员，就必然要去做一些新的事情，做一些还没有人做过的事情。因此，不只是望月教授，任何一位数学工作者都必须走出自己独特的道路，尽管其程度有所不同，这一点是不会变的。在这种时候，把“出于自然”作为指引，或者说，以“怎样思考才是自然的”为基本原则来进行思考的人，其实应该是为数众多的。而且，从实际情况来看，能够决定研究工作的前进方向的那种东西，与其说是技术上的东西，不如说更多的是某些哲学性和观念性的东西。

这是一种十分微妙的感觉，一般的读者可能很难对此获得一个清晰的理解。正因为如此，才需要更加慎重地给出说明。在充分认识了这一点的基础上，我们试着使用一种不太严谨的方式来表达，那就是数学工作者在发现新事物的过程中，与其说是通过逻辑上的一步一步严格推理而逐渐得出新的定理，不如说更多的是依靠直觉去发现，这也是数学思考中的一个重要方面。实际上，数学确实是一门非常具有逻辑性的学科，但同时它也是一门非常富有直觉性的学科。我们在中学阶段学习那些自己还不熟悉的定理的时候，一方面要一行一行地阅读它的证明和解说，以达成逻辑上的理解，另一方面从直观上进行理解也是非常重要的，这使我们能够看清楚那个定理说了一件非常自然的事情，它把各种各样的事情有机地整合在一起，能让我们“从心底里”体会到它的正确性。也就是说，逻辑上的细致理解和直观上的整体把握这两个方面都在支撑着数学中对于“正确性”的认识。如果一个人说他不理解数学、不擅长数学，那么我们可以说，在这两个方面中，至少有一个方面是他有所欠缺的。而且很多情况下，出问题的往往不是逻辑的一面。也就是说，虽然在逻辑上都已经理解了，但还是很难获得一种心领神会的整体感觉。反过来说，对于那些擅长数学的人，我们也可以说，他们绝不是只拥有了很强的逻辑推理能力，他们肯定也在通过直觉和灵感来进行综合把握方面有着非常出色的能力。

同样的说法也适用于数学工作者，特别是在他们发现那些还没有人想到的新定理或者构建一种新理论的时候。数学是一门逻辑性很强的学科，定理的证明也完全是通过逻辑推理来完成的，所以很多人可能就会认为，在构建新理论的时候，应该也是像定理的证明那样，需要一步一步遵循逻辑的程序来不断前进。当然，这方面也是很重要的，但它并不是事情的全部，因为对于整体情况的直观把握同样是很重要的。

当你走在一片谁也没有走过的土地上的时候，如果想要笔直地向前走，那么每次只盯着下一步的位置不断迈步的话，未必能够走得很笔直。因为当你就这样持续走了一段路之后，回头看一眼，往往会发现走过的路线其实是弯弯曲曲的一条曲线。但是，如果能够使用卫星定位之类的手段来导航的话，由于可以从整体上把握自己的前进路线，一直这么笔直地向前走也就不是什么难事了。而在大多数情况下，在构建数学新理论的过程中，能够起到卫星定位这种作用的那个东西，通常就是那种对于“是否自然”的敏锐直觉。

所以说，“出于自然”或者“怎样思考才是自然的?”这样一种东西完全不是逻辑程序之类的技术性问题，而是这些事情背后的某种具有整体一致性、启发性和直观性的东西，甚至可以说是一种哲学性的东西。这就像是在我们一步一步进行逻辑推理之上的一种类似于卫星定位导航的指导性原则。因此，这肯定不是能够完全纳入逻辑范围的东西。就好像“多年养成的直觉”能够告诉我们很多事情那样，依靠这样一种路标，我们就能在证明之类的逻辑程序启动之前，大概判断出定理和理论的“正确性”。所以说，数学并不是只靠逻辑就能说清楚的。

类比式的思考方法

望月教授在构建 IUT 理论的过程中，应该就是这样时刻想着这种

“出于自然”的原则的。不管怎么说，正如我们在第 1 章里已经约略见到的那样，我们在后面的章节中还会给出更详细的说明，说明 IUT 理论是一种非常具有独创性的崭新理论。把这个理论一点一点从无到有地构建起来，就像是一个人走在某一颗还没有人走过的行星上那样。不管走得多么小心谨慎，稍不注意，就有可能从悬崖上掉下来。

从这一点来说，IUT 理论的构建工作还是相当慎重的。实际上，如果用人类到目前为止一直使用的单独一个“数学统一体 = 视宇”来思考的话，就必须使用一种很容易陷入各种矛盾之中的说话方式。而通过考虑多个作为数学统一体的舞台，则能够获得一种在以前的数学中从没有过的全新类型的灵活性，这正是 IUT 理论的精髓之处。但也正因为这是还没有人想过的事情，所以就必须非常谨慎地进行思考，否则就很容易落入无底深渊。话虽如此，但也不能一味地盯着脚下看，因为我们还必须对于应该朝哪个方向前进才是“自然”的有某种感觉，这永远是非常重要的事情。

亨利·庞加莱（1854—1912）

Henri Poincaré

因此，从 2005 年到 2011 年，望月教授和我在那个悄无声息的讨论班上一直就把这一点作为非常重要的事情。甚至可以说，至少我是这么理解的，我们的那个讨论班所能起到的作用就是要找出这个“自然的前进方向”，并不断加深对这个方向的确信。因而，在那个讨论班上，比起只从逻辑上去一一确认各种技术性细节的工作，我们更加重视的是如何找到自然的思考方式，以及我们是否正在沿着正确的方向接近最终的目标。从这个意义上来说，望月教授一直是非常重视“出于自然”这种基本原则的，在这一点上他也给我留下了很深的印象。

那么，在这样一种探索的过程中，数学工作者是通过什么手段来获得这种“自然的前进方向”的呢？当然，在不同的人那里，这肯定是千差万别的。有时候，可能就像突然得到了某种启示一样。著名数学家庞加莱曾经说过，有一次，他在坐进马车的一瞬间，脑海中突然灵感迸发，对于某个思考了很久的问题闪现出一个重要的想法。不过，即使不是像庞加莱所描述的那种特别明显的直觉上的灵感，数学工作者每天也会不断地积累大大小小的灵感，并以这种方式来推进自己的工作。

除此之外，还有没有别的什么东西呢？在我看来，望月教授看起来也很重视“类比”（analogy）这样一种思考方法。也就是说，我们在思考某个未知事物的时候，把它与另一个已经比较了解的事物进行比较，找出两者所具有的某种非常类似的侧面，然后以此为基础在两者之间发现更多相似之处这样一种做法。这就相当于说，在构筑一个新理论的时候，我们设法把已经存在的理论里的实际发展方向几乎原封不动地移植到这个未知理论中，然后在尽量保持这种类似性的基础上找到新理论的发展方向。对于已知的理论，我们已经知道它是“正确的”，而且，它也应该是自然的。因此，如果能够把这种方法成功应用到新的未知理论中的话，差不多也就获得了自然的前进方向。

所谓类比，就是把未知的事情或者尚未实现的事情与那些已知的事情或者实际已经实现了的事情进行比较，以后者为参照物对前者进行理解或者通过模仿把前者实现出来。人类在尝试新事物的时候，或多或少都会依赖于类比。比如说，当人类想要在空中飞行时，最先尝试的应该就是模仿鸟的飞行方式，制造出带着翅膀的交通工具，这就是在“鸟的飞行”这一实际现象的基础上，通过运用类比的方法来解决问题的一个典型的例子。

当然，通常情况下，仅靠类比可能是没有办法完成所有事情的。从飞机的例子也能看出这一点，虽然飞机的某些部分模仿了鸟的飞行方式，但正是因为后来采用了与鸟类飞行完全不同的原理和材料，才得以成功地制造出一种真正能够飞行的交通工具。我们应该说，在最初的起点上，与鸟类飞行之间的这种类比，对于飞机这种航空器的发明来说还是具有非常重要的价值的。因为它在人类发明飞机的初期，为我们指明了“正确的方向”，这个作用是非常巨大的。从这个意义上来说，我们可以认为飞机的例子是类比方法的一个非常成功的案例。

这里我们需要注意的是，类比这种方法绝对不是一个逻辑的思考过程。因为这是要在逻辑上没有直接关联的两种事物之间通过类似性这样的桥梁来建立联系的方法。这两种事物本身或许完全就是不同类型的东西。但是，通过类比这样的联系来把它们并列起来进行考察，反而可以产生只用逻辑手段无法企及的一些更为灵活的想法。从这个意义上来说，类比这样的思考方法并不是只有望月教授在用，很多数学工作者在研究问题和理解事物时都在使用，这是思考问题时的一个常用的窍门和技艺。

实际上，我们完全可以说，在IUT理论中，仅从基本思想和理念这个层面来看，那简直就是类比的宝库。在本书后文，我们会从众多的类比里选取几个具有代表性的例子。还记得我们在这本书里想要做的事情吗？那就是，对IUT理论这样一个内容艰深的数学理论做一个适当的解说，使一般的读者也能比较容易理解，且对于其中的关键想法有个概略的领会。从某种意义上来说，之所以这件事是有可能做到的，也是因为在 IUT 理论这个新理论中包含非常丰富的类比。我们在本书后文会使用许多非常有趣的类比，比如说“不同宇宙之间的通信”“把不同大小的拼图板小块拼合在一起”等，这也是因为 IUT 理论原本就运用了丰富的类比来确保其理论的自然性，这才使得我们这样的做法成为可能。

前面我们曾经说过，Teichmüller 理论本身虽然并没有成为 IUT 理论的直接基础，但是为后者奠定了非常重要的基石，这其中的关键原因就是类比。我们也许可以把 IUT 理论理解为“在跨视宇的状况下来展开 Teichmüller 理论”，但在这里，Teichmüller 理论的介入方式就是它刚好起着路标的作用。也就是说，它是作为重要的类比对象来发挥作用的。当然，其中说不定也会蕴藏着一些更为深奥的关系，并不是简单地用类比就能形容的。但至少这里确实有些地方会让我们这么想。

说起这件事，我们就要再次提到望月教授的博客（之前已经多次提过了），他在那里把这种类比发挥得更加自由奔放和淋漓尽致。比如说，在 IUT 理论中有一个很重要的概念，称为“Θ 纽带”，望月教授把它与当时在日本热播的某个电视剧建立了联系，用该剧里出现的合同式婚姻（日文是“契約結婚”）与之相类比。此外，在其博客的另一篇文章里，他还描述了如何在 IUT 理论中出现的各种重要的要素与红白歌会中人气偶像组合的演出节目之间建立起类比式的对应关系。当然，这些想法对于构建和理解 IUT 理论这一数学理论来说，可能根本没有多大的作用，只是一些“小游戏”而已。但是，我觉得这样一种思维的小游戏，同样是基于类比式的自由联想。这个思考上的技巧在实际的理论构建中确实也非常有效，而且很能体现望月教授的个性特征，说得稍微夸张一点，这些事情甚至在某种程度上也代表了他的数学风格。

第④章　加法和乘法

素数与素因数分解

在本章，对于此前已经多次提到过的 ABC 猜想，我们稍微详细地来解说一下。说起来，即使不是数学工作者，普通读者想要理解它的意思其实也没有那么困难。但是，想要证明它却是非常困难的。关于这里面的缘由，这里我们也想用尽可能通俗易懂的方式来解释一下。

但是，在这之前，我们先要简单地复习一下素数和素因数分解这两个概念。素数和素因数分解是在我们讨论 ABC 猜想以及各种各样的数论问题时必定会出现的东西。因此，我们还是要尽早来回忆一下这方面的背景知识，因为它们在后续的讨论中是绕不开的话题。不过，素数和素因数分解在初中和高中的数学课里也都学习过了，而且素数本身在数学中也是相当有名的话题，所以很多读者应该对它们比较了解了。关于素数的概念，我们在方框里的小短文“素数”中做了简单的总结，需要时可以拿来参考。

素数

整数是由 1, 2, 3, …加上 0 和负数 −1, −2, −3, …组成的。对于两个整数 a, b 来说，所谓 b 是 a 的约数，或者 a 是 b 的倍数，是指可以找到第 3 个整数 c，使得 $a=bc$。比如说，$6=2\times3$，因而 2 是 6 的约数，6 是 2 的倍数。但是，我们不可能找到一个整数 c，使得 $5=2\times c$（$c=\frac{5}{2}$ 是有理数，但不是整数），因而 2 并不是 5 的约数，5 也不是 2 的倍数。

设 p 是一个大于等于 2 的整数，并且它除了 1 和自身之外没有其他的正约数，则我们说 p 是一个素数。不是素数的正整数就被称为合数。

举例来说，对于 5 这个数来说，1 和 5 是它的约数，但 2, 3, 4 都不是它的约数，因而 5 是一个素数。一般来说，为了确定一个大于 2 的整数 p 是不是素数，只需要知道 2 ～ $p-1$ 的整数都不是 p 的约数就可以了。100 以内的素数有 25 个，即

2, 3, 5, 7, 11, 13, 17, 19, 23, 29, 31, 37, 41, 43,

47, 53, 59, 61, 67, 71, 73, 79, 83, 89, 97①

关于素因数分解，想必很多读者都记得在小学和初高中时我们已经学

① 更多信息可参考《数学女王的邀请：初等数论入门》第 1 章，远山启著，逸宁译，人民邮电出版社 2020 版；也可参考华罗庚先生所写的《数论导引》第 1 章，科学出版社 1979 版。——译者注

习过。除 0 以外的任何自然数都可以分解成若干个素数的乘积。而且，这种分解方式还是唯一的。例如，24 这个数并不是素数。为什么这么说呢？因为 24 有 6 这个约数，它既不等于 1，也不等于 24 本身。用这个约数来进行分解的话，24 就能写成 6 和 4 的乘积。

接下来，我们会看到 6 这个数仍然不是素数。为什么这么说呢？因为它有一个约数是 2，这个约数既不等于 1，也不等于 6 本身。用这个约数来进行分解的话，6 就能写成 2 和 3 的乘积。另外，4 这个数同样不是素数。它有一个约数是 2，因此它可以写成 2 和 2 的乘积。综上所述，我们就得到了

$$24=6\times4=2\times3\times2\times2$$

也就是说，24 这个数是通过先让 2 自乘 3 次再乘 3 而得到的数。这里我们需要注意的是，在上面把 24 分解为 6 和 4 的乘积的时候，6 和 4 这两个数还可以各自分解为 2×3 和 2×2 的形式，最后得到的 2 和 3 这两个数就无法再分解了。也就是说，它们都是素数。因此，把 24 这个数分解为约数的过程，在我们把 24 分解成 3 个 2 和 1 个 3 的时候就结束了。

按照这样的方式，不论是什么样的自然数，只要像上面那样用约数来一个接一个地进行分解的话，最终就会出现无法再分解的情况。此时，所得到的分解式就是最初那个数的素因数分解。

如果最初的那个数本来就是素数的话，那么实际上从一开始就是无法分解的。例如，17 是一个素数，它不可能再分解了。因而在这种情况下，

$$17=17$$

这个理所当然的公式就已经给出了 17 的素因数分解。

那么，1 该怎么办呢？肯定有人会提出这样的疑问，但这一点其实不用过分在意。用一种学究气十足的语言来说，1 这个数可以分解为“0 个素数的乘积”，这也算是一种理解方式。可能会有很多读者不明白这是怎么一回事，但这件事并不重要，完全不用担心。

刚刚我们已经说过，24 这个数可以分解成 3 个 2 和 1 个 3 这样一些素数的乘积，还可以使用幂的方式来把它表达得更加清晰易懂一点儿，结果就是

$$24=2^3\times 3$$

2 的右上角写着 3，意思是“有 3 个 2 在相乘”。我们把位于右上角的这个数称为“指数”或者“幂指数”。对于素数 3 来说，按照既定的规则，这里就是“有 1 个 3 在相乘”，所以正常说来应该是写成“3^1”的，不过我们常常把这种放在右上角的 1 省略不写。这一点读者们应该都很清楚吧。

采用这种幂的写法，然后把出现的素数从左到右按照从小到大的顺序来排列，就可以得到每个自然数的素因数分解的一个最为标准的形式。用这种方法写出来的素因数分解称为“标准分解”。实际上，只要按照这个形式来写，任何自然数的标准分解都是唯一的。表 4-1 中列出了一些数的标准分解，这里的每个分解式都是可以通过心算得出来的，所以在往下读之前，不妨自己来确认一下。

表 4-1　标准分解的例子

数	标准分解
36	$2^2 \times 3^2$
72	$2^3 \times 3^2$
20	$2^2 \times 5$
90	$2 \times 3^2 \times 5$
56	$2^3 \times 7$

数的“底座”

我们对素数和素因数分解做了一个简单的复习。实际上，为了理解 ABC 猜想的含义，我们还需要了解一下另一个与此有关的概念，那就是数的“底座”。

一般来说，对于一个自然数 n，我们写出它的标准分解，然后把其中所出现的素数的指数全部设为 1，这样得到的那个数就称为 n 的底座，写成符号就是

$$\mathrm{DZ}(n)$$

例如，前面计算过 24 的标准分解

$$24 = 2^3 \times 3^1$$

其中，出现了两个指数，也就是将 2 的右上角的 3 改成 1，就得到

$$2^1 \times 3^1 = 2 \times 3 = 6$$

这个数就是 24 的底座。换句话说

$$\mathrm{DZ}(24)=2\times 3=6$$

把标准分解中出现的指数全部设为 1，这就相当于把素因数分解中所出现的素数都只乘一次，这里考虑的就是由此得到的那个数。用更简洁的语言来说，所谓 n 的底座，就是 n 的素因数分解中所出现的不同素数的乘积。比如说，我们有

$$\begin{aligned}6&=\mathrm{DZ}(6)=\mathrm{DZ}(12)=\mathrm{DZ}(18)\\&=\mathrm{DZ}(24)=\mathrm{DZ}(36)=\mathrm{DZ}(48)=\mathrm{DZ}(72)\end{aligned}$$

的结果。这里写出的 6, 12, 18, 24 等数的素因数分解中都只出现了 2 和 3 两个素数。因此，无论它们出现了多少次，通过把幂运算的次数设为一次而得到的那个底座都是一样的。

最后，我们再来补充几点。首先，对于一个素数 p 来说，显然有

$$\mathrm{DZ}(p)=p$$

这个应该是没有疑问的吧。其次，我们还可以令

$$\mathrm{DZ}(1)=1$$

这样做会带来一些计算上的便利，关于这一点其实不需要考虑得太深。

ABC 数组

现在，我们终于可以来解说 ABC 猜想的含义了。ABC 猜想是关于“ABC 数组”这样一种自然数组的一个猜想。我们把一个 ABC 数组

写成

$$(a, b, c)$$

的形式。首先，解释一下 ABC 数组的制作方法。

为了写出一个 ABC 数组，我们首先考虑两个自然数 a, b。但这并不是怎么选都可以的，我们要求这两个自然数必须是“互素”的。所谓互素，就是指当我们分别写出它们的素因数分解之后，在两个分解式里没有出现共同的素数①。

举例来说，10 和 21 是互素的。因为 10 的素因数分解中只有 2 和 5 这两个素数，而 21 的素因数分解中只有 3 和 7 这两个素数。这两个分解式里没有出现共同的素数。因此，10 和 21 就是互素的。但是 6 和 14 是怎么样的呢？6 的素因数分解中会出现 2 和 3 这两个素数，而 14 的素因数分解中会出现 2 和 7 这两个素数。它们都有一个共同的素数 2，所以 6 和 14 并不是互素的。

让我们回到最初的情况，考虑两个互素的自然数 a 和 b。然后把 a 和 b 相加，并把相加的结果记为 c。这样，就得到了一个由 3 个自然数 a, b, c 组成的一个数组，

$$(a, b, c) \quad (a+b=c)$$

我们把它称为“ABC 数组”。也就是说，ABC 数组就是指这样 3 个自然数 a, b, c 的组合，其中前两个是互素的，而第 3 个就等于前两个的和②。

---

① 换句话说，“a 和 b 互素”就是指“a 和 b 的最大公约数是 1”。

② 因为 c 是 a 和 b 的和，所以 a 和 b 互素这件事就相当于 a, b, c 中的任何两个都是互素的。

接下来，对于一个 ABC 数组 (a, b, c)，我们来考虑这 3 个数的乘积 abc，再把这个数的底座记为 d，即我们有

$$d=\mathrm{DZ}(abc)$$

换句话说，d 是 abc 的素因数分解中出现的那些素数的乘积（每个素数只乘一次）。在这种情况下，ABC 猜想的关注对象是，这样得到的两个自然数 c 和 d 之间的大小关系。

我们可以用各种具体的数来进行试验，然后很快就会发现，在大多数情况下 d 大于 c。例如，设 a 等于 5，再设 b 等于 7，我们把计算过程放在方框中的小短文“第一个例子的计算”里；设 a 等于 11，再设 b 等于 25，我们把计算过程放在方框中的小短文“第二个例子的计算”里。从这些计算结果可以看到，无论在哪一种情况下，d 都大于 c。

第一个例子的计算

设 $a=5, b=7$，则由于

$$c=a+b=5+7=12$$

故得 $abc=5\times7\times12$，计算出它的标准分解，则有

$$abc=2^2\times3\times5\times7$$

因而

$$d=\mathrm{DZ}(abc)=2\times3\times5\times7=210$$

现在，c 等于 12，而 d 等于 210，故我们看到 d 比 c 大。

第二个例子的计算

设 $a=11, b=25$，则由于

$$c=a+b=11+25=36$$

故得 $abc=11\times25\times36$，计算出它的标准分解，则有

$$abc=2^2\times3^2\times5^2\times11$$

因而

$$d=\mathrm{DZ}(abc)=2\times3\times5\times11=330$$

现在，c 等于 36，而 d 等于 330，故我们看到 d 比 c 大。

例外 ABC 数组与 ABC 猜想

那么，是不是任何时候 d 都比 c 大呢？也就是说，无论什么样的 ABC 数组，只要像上述那样计算，是不是 d 都一定会大于 c 呢？其实也未必。我们来看一个简单的例子，设 a 等于 1，再设 b 等于 8，我们把计算过程放在方框中的小短文“第三个例子的计算”里。由此可以看出，计算结果是 c 等于 9，而 d 等于 6，所以在这种情况下 d 比 c 小。

第三个例子的计算

设 $a=1, b=8$，则由于

$$c=a+b=1+8=9$$

故得 $abc=1\times8\times9$，计算出它的标准分解，则有

$$abc=2^3\times3^2$$

因而

$$d=\mathrm{DZ}(abc)=2\times3=6$$

现在，c 等于 9，而 d 等于 6，故我们看到 d 比 c 小。

从这样一些计算结果来看，在 c 值和 d 值的大小关系上好像没有出现什么明确的规律。但是，实际上，经过各种各样的计算之后会发现，在大多数的情况下，d 都是大于 c 的，像最后那个例子中的 c 大于 d 的情况其实是非常罕见的。

如果在一个 ABC 数组中出现了 c 大于 d 的情况，就像第三个例子那样，我们就说这个数组是一个“例外”ABC 数组。这个名称的含义是，看起来在绝大多数情况下 d 都会比 c 大，但在这里出现了与我们的期待相反的情况。(1, 8, 9) 就是一个例外 ABC 数组的例子，另一个例子我们放在方框中的小短文“第四个例子的计算”中。

第四个例子的计算

设 $a=5, b=27$，则由于

$$c=a+b=5+27=32$$

故得 $abc=5\times27\times32$，计算出它的标准分解，则有

$$abc=2^5\times3^3\times{}^5$$

因而

$$d=\mathrm{DZ}(abc)=2\times3\times5=30$$

现在，c 等于 32，而 d 等于 30，故我们看到 d 比 c 小，这就表明 (5, 27, 32) 是一个例外 ABC 数组。

现在我们已经知道，至少在计算机能够实际计算的范围以内，例外 ABC 数组确实是非常罕见的。比如说，在 c（写成通常的十进制数）至多包含 4 位的这个十进制数字范围内，可能的 ABC 数组大概有 1500 万个之多，而其中的例外 ABC 数组则只有 120 个。另外，即使我们把 c 的取值范围扩大到 5 万以内，可能的 ABC 数组已经有大约 3 亿 8000 万个了，但例外 ABC 数组仅仅有 276 个。由此我们可以看出，d 比 c 小的那种例外 ABC 数组实在是相当稀少的。

所谓 ABC 猜想，就是把这个例外 ABC 数组“非常少”的情况用明确的数学公式表达出来的一个猜想。具体的陈述我们将在方框里的小短文“ABC 猜想”中给出，有兴趣的读者可以去查看。不过对于本书接下

来要讨论的内容来说，这个陈述本身并不是非常重要的事情。因此，读者们并不需要太在意其中的一些技术细节。我们在这里虽然完整写出了 ABC 猜想的数学表述，但正如前文所说的那样，读者只要了解“(d 比 c 小的) 例外 ABC 数组是非常少的”就足够了。

ABC 猜想

考虑那些由 3 个自然数所组成的数组 (a, b, c)，假设这 3 个数是两两互素的，并且满足

$$a+b=c$$

我们再设 $d=\mathrm{DZ}(abc)$。此时对任何一个正实数 $\varepsilon>0$ 来说，满足

$$c>d^{1+\varepsilon}$$

的数组 (a, b, c) 最多只能有有限个。

强化的 ABC 猜想

在第 3 章，我们简单介绍了丢番图方程的问题，同时也谈到了法尔廷斯所解决的莫德尔猜想以及比它更强的有效莫德尔猜想等问题。丢番图方程的问题主要关注的是下面这些事情，对于一个有理系数的方程组，设法求出它的有理数解和整数解，或者考察一下解的存在性和解的个数等问题，也可以把其理解为考察代数曲线之类的图形的有理点问

题。最具代表性的就是毕达哥拉斯三元数组问题，我们在第 3 章里已经对此做过一些简要的说明。这个问题（基本上）可以转化为求一条二次曲线有理点的问题，问题中的二次曲线就是以原点为中心且半径为 1 的圆（单位圆）。从这个问题又派生出了费马大定理问题（来自费马写在书上的一条短注）。

我们再回到 ABC 猜想上做一番观察。ABC 猜想说的是“（d 比 c 小的）例外 ABC 数组是非常少的”这件事。虽然很少，但例外 ABC 数组也确实是存在的，所以“$c<d$”这个不等式并不是对所有的 ABC 数组都能成立的。但是，我们可以来考虑 d 的各个幂 d^2、d^3 等。随着指数的不断增加，幂的数值也会越来越大，因此，无论对哪一个 ABC 数组，只要取足够大的 N，我们都会有

$$a < d^N$$

这样的不等式[①]。

ABC 猜想是说“大多数情况下 d 大于 c”，而且它也推测了使这种关系不成立的例外情况应该是“很少”的。但即使是在例外情况中，只要取 d 的一个足够大的幂，我们总能得到一个比 c 大的数值。例外 ABC 数组的存在意味着，上述不等式右边的指数 N 不能等于 1，但是只要把 N 取得足够大，这个不等式总是能够成立的。

但是，这个 N 到底应该取多大的数才好呢？这又是另一个很难的问题。如果 ABC 猜想是正确的，那么这样的 N 一定能找到。但这个 N 有可能是一个非常巨大的数。

---

① 这可以从方框里的小短文“ABC 猜想”的陈述直接推导出来。

实际上，在这件事上人们也有一个大胆的猜想。那就是这个 N 实际上取 2 就足够了。也就是说，对于任何一个 ABC 数组来说，c 一定会小于 d^2，无一例外。这是一个非常强的猜想[①]。如果这个更强的 ABC 猜想是正确的，那么实际上我们由它就能很容易地推导出费马大定理。方框里的小短文“强 ABC 猜想可以推导出费马大定理”中介绍了这个推导方法，有兴趣的读者可以去查看。

强 ABC 猜想可以推导出费马大定理

我们假设强 ABC 猜想是成立的，并使用它来证明费马大定理。采用反证法，假设对于某个大于等于 3 的整数 n 来说，满足

$$x^n + y^n = z^n$$

的自然数组 (x, y, z) 是存在的。如果 x, y, z 有公因子，则可以先把它除去，因而总可以假设 x, y 是互素的。此时 (x^n, y^n, z^n) 是一个 ABC 数组，因而 $z^n<(\mathrm{DZ}(x^ny^nz^n))^2$，但根据底座的定义，我们有 $(\mathrm{DZ}(x^ny^nz^n))^2=(\mathrm{DZ}(xyz))^2$，又因为 $x<z$ 且 $y<z$，故有 $(\mathrm{DZ}(xyz))^2 \leqslant (xyz)^2 <(z^3)^2=z^6$，因而

$$z^n < z^6$$

这就意味着，自然数 n 是小于 6 的，但 n 又是大于等于 3 的，故 n 只可能是 3, 4, 5。然而，对于这 3 种情况，费马大定理的正确性

① 即使使用 IUT 理论，也无法证明这么强的猜想。

IUT 理论的重要动机之一。但是即便如此，我们也应该把 IUT 理论和 ABC 猜想看作相互独立的存在。IUT 理论并不是仅仅为了解决 ABC 猜想而临时设计出来的手段，它本身就具有独立的数学意义，而且就是因为这样的缘故才被构建起来的。

猜想这种东西究竟是什么？

话说回来，本书从开始就不断地提到这个猜想、那个猜想等，除了 ABC 猜想之外，我们还讲了其他各种各样的猜想。可能有的读者会产生这样一个疑问，数学中的“猜想”（conjecture）到底是个什么东西？当然，在本书的读者之中，很多人已经知道了数学上的各种猜想问题，因而在某种程度上对于猜想是什么应该是比较了解的。但是即便是这样，我们还是可以再追问一句，在数学这样一个逻辑严密的学科之中，人们为什么还能够提出这样那样的猜想呢？或者说，猜想这种东西在数学上到底有什么价值呢？等等。总而言之，关于猜想这个话题，细究起来，其中总是包含着一些深奥难解、让人感兴趣的东西。

那么，数学中的猜想究竟是个什么东西呢？简言之，猜想就是指“我们觉得它是正确的，但还没有得到证明”的数学命题。它具有数学命题的形式，并且是用精确的数学语言表达出来的东西，因而表面上看起来和定理没什么区别。但是它与定理的不同之处就在于，猜想还没有被任何人所证明。

因而，对于一个猜想来说，它到底是正确的还是错误的，这一点还没有得到最终证明。既然还没有被证明，那么它的正确性就还处于一种待定的状态。总之，“有待确定其正确性的定理”就是“猜想”。虽然我们还不知道这样的一个猜想是不是正确的，但是说不定哪一天就会有人提出某个新的想法，并据此证明了它的正确性。又或者哪一天有个人发现了一个反例，因此说明了它实际上是不正确的。猜想其实就是这样一种东西。

这样说来，所谓的猜想就是一个正确性尚未确定的数学命题。可能有人会提出这样一个疑问，这种东西在数学中会有什么用处吗？事实上，不断地提出猜想，然后围绕着猜想来进行思考，这样的活动对于推进数学研究来说是非常重要的。

在各种各样的数学猜想中，最有名的那一个恐怕就是本书里常常提到的费马大定理了。这个猜想虽然一直被称为定理，但它真正成为定理（即获得了证明）是在 1994 年。我们在前面方框里的小短文“费马大定理”中已经说过，这个猜想是 17 世纪费马在丢番图的《算术》拉丁语译本的书页边上写下来的。直到被怀尔斯证明为止，这中间大约经过了 350 年。也就是说，在这么多年的时间里，它其实一直都是猜想。问题的表述本身非常简单，连小学生都能看懂。但它又是一个非常困难的问题。费马大定理的典型特征就是它非常简洁优美，却又极其困难。

说到费马大定理，它本身在数学上很深邃或者很优美倒不是那么要紧，重要的是它在历史上激发了很多数学家进行研究，并因此创造出了很多深刻的数学理论。正是在这个意义上，我们说它是一个非常重要的猜想。不管怎么说，这个猜想看起来很单纯，却又非常困难，所以受到了很多数学家的关注。而且，在尝试解答这个问题的过程中，他们在数学上提出了各种各样的想法，有时甚至会形成一个庞大的理论。也就是说，这个猜想一直在起着激发数学家们的研究热情的作用。从这个意义上来说，它的重要性也是非常值得称道的。

其实，类似这样的情况，不仅限于费马大定理，这种深刻的猜想或者意味深长的猜想在数学家们的奋斗史上还能找到很多。从这个意义上来说，我们并不能把“猜想”仅仅看成“正确性尚不确定的命题”，它们其实还担负着远比这重要得多的职责，因为它们能够启发数学家产生许多深刻的洞察。这样说来，在数学的世界里，猜想可是个非常重要的东西。它们甚至可以成为推动数学进步的原动力。

ABC 猜想也是这些非常重要的猜想中的一个。而且，ABC 猜想和费马大定理还有很多相似之处。首先，ABC 猜想和费马大定理一样单纯易懂，其问题本身连小学生都能听明白。但是，它所蕴含的东西又是非常深远的。并且，它也促使望月教授这位数学家得以深刻洞察到现存数学理论的边界，启发他提出了 IUT 理论这样一套“新数学”。望月教授以尝试解决 ABC 猜想为契机，萌生了许多崭新且富有深刻内涵的想法。仅从这一点来看，ABC 猜想就有着非常重大的意义。而且，ABC 猜想的一个显著特征在于，它的解决会影响到很大的范围。正如我们前面所说的那样，如果 ABC 猜想获得了解决，那么其他许多相当困难的猜想也会自动得到解决。

所以我们说，ABC 猜想具备如下特征。

· 单纯易懂。

· 促使新想法和新理论的产生。

· 进而在数学上影响范围很大。

一般而言，一个数学猜想到底具有怎样的价值，恐怕在很大程度上就是由这 3 个方面的特征所决定的。

为什么猜想能够出现?

读者当中可能还是有很多人觉得，仅靠这些说明还是无法让人理解猜想是怎么一回事。恐怕最常见的一个疑问就是，既然猜想就是一些还没有被证明的事情，那为什么人们能够产生猜想呢？这确实是一个问题。我们说猜想是一个还没有被证明的命题，那么在没有被证明的情况下，为什么人们又能够预测出它的正确性呢?

实际上，这件事说起来还与第 3 章里所说的事情有关。还记得我们在那里说过，数学既是一门逻辑性很强的学科，也是一门富含直觉的学科。正如前文所说的那样，数学上的理解其实包含两个方面的内容，一方面是通过一行一行地确认证明细节而得到的逻辑性的理解，另一方面是通过对自然性的感觉以及与其他事实完美整合而获得的更直观的“心领神会”式的理解。只靠逻辑是理解不了数学的。为了推动数学进步，不仅要有一步一步的逻辑推演，直观上对整体框架的把握和认识也是非常必要的。当然，最终支撑着正确性的是证明，是逻辑，也可以说是滴水不漏的逻辑推理。但是，在达到这一步之前的那个阶段，数学工作者一直在通过“什么是自然的思考方式?”或者“多年的直觉”之类的不太符合逻辑的程序来设法把握事物的正确性。在获得了相当程度的确信之后，才会开始尝试进行证明。当然，每个数学工作者在探究新事物的时候所使用的方法是千差万别的。但是，大多数的数学工作者或多或少都经历了这样一种思考的过程。

从这个意义上来说，数学工作者常常提出猜想，然后设法去解决它。也就是说，在进展到逻辑证明这一环节之前，首先要思考什么东西有可能是正确的，由此提出猜想，最后再去证明它。

这种思考的过程不仅在证明大定理的时候会出现，对于那些在证明定理过程中所用到的辅助定理，在发现和证明它们的时候，也会以小规模的形式出现。因此，数学工作者每天都在与各种各样的小猜想打交道。在这些猜想中也会出现一些“大”的东西，提出它的那个人可能一时无法给出证明。于是这样的东西就会开始在数学工作者的圈子里流传，逐渐演变成类似于ABC猜想那样的猜想。

从这个意义上来说，猜想这种东西在数学工作者的研究活动中其实并没有什么特别值得强调的地方。因为在研究者们的“研究”活动中，它们在大大小小各种各样的思考过程中都会自然地出现。因此，在数学的世界里，不管是有名字的猜想还是没有名字的猜想，这些东西其实多得数不胜数。我们在下面就会看到一些比较有名而且很容易理解的猜想。

变化无常的素因数

我们已经看到，ABC猜想有着极其巨大的影响力，只要解决了它，其他很多重要的问题也会自动得到解决。单就这一点来说，ABC猜想就是一个非常重要的猜想。一方面，它不仅是很重要的，同时是非常困难的。另一方面，它又是很单纯易懂的，只要知道了素数和素因数分解是怎么回事，任何人都能看懂这个问题本身所代表的意思。从这个意义上来说，这是一个看起来相当简单的猜想。但是，与这种表面印象正好相反，它竟然是如此困难的一个猜想。自马瑟和奥斯达利在1985年提出这个猜想以来，全世界一流的数学家们都在为解决这个猜想而认真地思考着。但是这个问题仍然没有得到解决。不但没有解决，甚至连解决的希望都没有看到。

那么，ABC 猜想为什么会如此困难呢？关于这一点，其实很难用一句话就说清楚这里面的原因，但我们还是可以指出它的一个重要且基本的原因。那就是在 ABC 猜想中，加法运算和乘法运算是以非常复杂的方式混合在一起的。也就是说，数本身所固有的加法运算性质和乘法运算性质原本就是非常紧密地结合在一起的，这种结合关系的强度恰恰使 ABC 猜想这个问题变得非常困难。

在数的世界里存在着加法和乘法两种运算，这是显而易见的事情，而且就连小学生都知道这两者之间存在着一定的关系。作为数本身所固有的概念，加法和乘法这两种运算天然就在那里，好像从宇宙诞生之初就已经是这么定下来的一样。如果说这样一些理所当然的根本性事物就是问题的难点所在，听起来感觉有点儿不知所云。因此，我们有必要在这里更加仔细地说明一下。

首先，来看一下表 4-2。这里我们列举了一些前面提到的那个例外 ABC 数组 (5, 27, 32) 近旁的 ABC 数组，并计算了它们的 c 值和 d 值。我们把 b 的值固定为 27，然后让 a 的值改变。如果 b 是 27，那么 a 的值就不能是 3, 6, 9（因为 3, 6, 9 和 27 都不是互素的）。另外，为了便于查看，我们把乘积 abc 的值和 d 的值都写成了标准分解的形式。我们来看一下最右边那一列，在这些标准分解中都会出现 2, 3 这两个素数，但除此之外其他素数的出现情况就比较散乱了，看起来好像没有什么规律。

表 4–2 例外 ABC 数组 (5, 27, 32) 及其近旁的 ABC 数组

a	b	$c=a+b$	abc	$d=\mathrm{DZ}(abc)$
1	27	28	$2^2\times3^3\times7$	$2\times3\times7$
2	27	29	$2\times3^3\times29$	$2\times3\times29$
4	27	31	$2^2\times3^3\times31$	$2\times3\times31$
5	27	32	$2^5\times3^3\times5$	$2\times3\times5$
7	27	34	$2\times3^3\times7\times17$	$2\times3\times7\times17$
8	27	35	$2^3\times3^3\times5\times7$	$2\times3\times5\times7$

2 和 3 一定会出现，也是因为我们把 b 的值固定为 27，这并不是出于什么更深层的原因。现在的问题是，除了这两个素数之外，还会出现什么样的素数？表 4-2 告诉我们，这种素数有时是 5，有时是 7，有时也会突然出现 29, 31 这样的大素数。

这种现象不仅出现在表 4-2 已经列出的 ABC 数组中，基本上在任何一系列 ABC 数组中都会出现。把若干个 ABC 数组按照一定的规律排列，然后计算一下都会发现，得出的标准分解中的素数看起来几乎没有什么规律。这甚至会让我们觉得，什么样的素数会出现完全就是变化无常、难以预测的。

但是，对于任何一个 ABC 数组来说，我们计算 d 值的方法都有着清晰的数学规则。而且，这个计算方法对于所有 ABC 数组是通用的，这里并没有“变化无常”的空间。因此，这里出现的现象就是，虽然计算方法完全遵循着数学规则，但是得出的结果看起来却是杂乱无章的，这是一件非常不可思议的事情。

这种事情在更简单的情况下也会发生。实际上，在数的世界里，这样一种“素因数变化无常”的现象实在是司空见惯、不可胜数的。

假设我们有一个自然数，它的标准分解非常简单。比如说，如果这个数碰巧是一个素数，那么它的素因数分解是显而易见的，自然就非常简单。但是，如果给这个数加上 1，那么它的标准分解就可能会突然变得异常复杂，而如果再加上 1，那么又可能反而变得极其简单。这样的事情在数的世界里随处可见，简直再正常不过了。

表 4–3 展示了一个很小的变化无常的素因数片段，我们从 30 这个数出发，每次加上 1，并写出其标准分解。观察一下这个表，我们看到，素数 31 的标准分解是显而易见的；但是，接下来的 32 突然出现了 2 的 5 次方这样一个很高的幂；之后，还会出现像 11、17 这样的素数；到了 36 的时候，又只会出现很小的素因数；可见，其中的变化情况确实很丰富。这样少量的计算，当然也只能看到很小一部分的变化情况，不过只要继续计算下去，就能进一步看到素因数的出现方式实在是非常变化无常的。

表 4–3　变化无常的素因数

数	标准分解
30	$2\times3\times5$
31	31
32	2^5
33	3×11
34	2×17
35	5×7
36	$2^2\times3^2$

在上文中我们说到，如果让 ABC 数组发生改变，那么在 d 的标准分解中有时会突然出现很大的素数，有时又会出现非常小的素数，这种出现方式看起来非常变化无常。如果是突然出现了大素数，那么这个 ABC 数组很难成为例外 ABC 数组。因为在这种情况下，d 会倾向于变得很大。但是，如果 abc 的每个素因数都很小，那么这个 ABC 数组就很容易成为例外 ABC 数组。这是因为，在这种情况下，d 也会倾向于变得很小。

因而我们可看到，在标准分解中出现的素数的种类和大小与一个 ABC 数组是不是例外 ABC 数组之间有着非常微妙的关系。而且，就像上面所说的那样，这一重要的事情完全依赖于看起来变化无常的素数的出现方式。解决 ABC 猜想的难点之一就在于此。要想找到 ABC 猜想的解决方法，关键就在于如何系统地理解这种变化无常的现象。

我们要再一次强调，这里所说到的素数的变化无常现象，恰恰是从数学上普遍适用的一套完美的计算规则出发而计算出来的结果。所以，从这个意义上来说，这也是完全有规则的。但是，它又是那么变化无常，看起来完全无法对它的变化方式做出恰当的解释。为什么会发生这样的事情呢？实际上，这正是前面我们说过的那种“加法结构和乘法结构的复杂交织”所导致的。

加法和乘法

如前所述，在 ABC 猜想中，我们关注的是 c 和 d 这两个数。具体来说，就是关注这两个数的大小关系。在大多数情况下，d 比较大，但有时候也会出现 c 比较大的情况。这与 3 个数 a, b, c 的乘积中所出现的素因数的种类和大小有关，而这种素因数似乎没有什么规律，也就是说，它们看起来完全是变化无常的。但是，ABC 猜想恰好说了这样一件事，那就是像这种变化无常的例外情况应该是非常少的。

我们注意到，c 这个数是通过把 a 和 b“加”起来而得到的。也就是说，这是使用了“加法”运算而得到的数。而 d 这个数则是通过把 a、b、c“乘”起来而得到的。也就是说，这与使用“乘法”运算而得到的数有关。确切地说，d 是那个乘积的底座。那么一个数的底座又是怎么计算出来的呢？为了计算这个底座，我们首先要找出原来那个数的素因数分解。而素因数分解指的是把一个数分解为素数的乘积（= 乘法运算）。找到这个分解后，我们还要把出现过很多次的那些素数的重复度全部抹去，即把其中所出现的素数的指数全部变成 1，这样乘出来的结果就是底座。因此，在计算 d 的过程中，我们从头到尾都只使用了数的乘法运算。因为这是从 a、b、c 的乘积的素因数分解出发而计算出来的。

因此，ABC 猜想的主题就是要把数的“加法运算”的代表 c 和“乘法运算”的代表 d 进行比较。希望看到用加法得到的数与用乘法得到的数之间的关系，这正是 ABC 猜想的主要特征。乘法运算和加法运算确实是彻底混合在一起的，这从某种意义上说就是这个猜想的本质所在，而且这也是它的困难之源。

而且，有一个实际的问题是，在自然数中，“加法运算和乘法运算的关系”实在是太复杂了，完全无法理解。有些读者肯定会觉得，加法运算和乘法运算都是在小学的算术课里就学过的东西，它们之间的关系不是相当简单吗？其实，这里面蕴藏着许多非常困难的问题。从某种意义上说，数论的难度和深度都来自“加法和乘法的关系”，这样的说法其实一点儿都不过分。

加法和乘法的这种交缠关系为什么会是这么困难的问题呢？为了让大家稍微获得一些理解，我们先回到“自然数到底是什么”这个基本问题上。自然数到底是什么呢？那就是像

$$0, 1, 2, 3, 4, 5, \cdots$$

那样，从 0 开始，每次加上 1 而得到的那些数。这样的思考方法，作为对自然数的一种理解，是非常自然和简单的。只要我们从“0”这个最初的数开始，一次一次地加上 1 即可。0 加上 1 产生了 1，1 加上 1 得到 2，再加上 1 得到 3，再加上 1 得到 4，如此这般反复进行。只要不断地重复这个过程，就能制造出所有的自然数。这可以说是一个非常简单而自然的想法。想必各位读者也会发自内心地认可自然数就是这样一种东西。

而且，自然数的这种制造方法在数学上也是正确的。在数学世界里，我们有“皮亚诺公理”这样一种东西。这是意大利人皮亚诺提出的一个公理，这个公理对自然数做了一个特征性的描述。它的基本想法本质上就是我们刚才所说的那个样子。因此，自然数就是这样从 1 出发一个接一个地不断加上 1 而得到的所有数。这个理解方法无论从直观上还是从数学上来说都是非常正确的。

朱塞佩 · 皮亚诺

Giuseppe Peano

（1858—1932 年）

以这种方式来理解自然数当然是非常自然易懂的。更进一步说，初看起来，好像我们已经通过这个方法了

解了所有的自然数。因为不管怎么说，这样就能得到“所有的自然数”。当然，自然数有无穷多个，就算一直加上 1，也不可能有把所有的自然数全都得到的那一天。但从理论上来讲，只要这样做下去，那么无论多么大的自然数，我们都能对其获得正确的认识。因此，我们完全可以这样认为，因为有了“一次一次地加上 1”这样一个简单的方法，我们就知道了所有的自然数。

但是，即便如此，用这种方法就能知道自然数的所有秘密吗？事情没有那么简单。为什么呢？因为这种方法确实是通过加法把自然数整个构造了出来，但是这里完全没有体现出乘法，这部分信息被彻底遗漏了。也就是说，这样的方法能够把自然数的加法结构很好地构建起来，但仅靠这一点，它的乘法结构就会变得非常难以理解。具体来说，比如我们会遇到下面这样的问题，素数一般会在什么时机出现呢？素数这个概念是参考约数和倍数这样的概念定义的。由此我们可以看出，它完全就是一个与乘法相关的概念。仅靠“不断加上 1”这种加法运算来理解自然数的话，想要了解素数的信息、描绘素数出现的模式等，基本上是不太可能的。

素数出现的时机

我们通过观察素因数分解过程中的变化无常的现象，发现了仅从加法运算的角度来把握素数是非常困难的。如果是这样的话，按照皮亚诺对自然数的理解方式，想要通过每次加上 1 的过程来系统地理解素数的出现时机，看起来是完全不可能的。

为了让大家理解这件事确实是非常困难的，我们在这里使用几个具体的例子来说明。比如说，假设我们有一个素数，考虑一下在这个素数上一次一次地加上 1 的过程。先看第一次加上 1 的情况。在大多数情况下，得到的结果都不再是素数。只有最初考虑的素数是 2 的情况例外，这种情况下加上 1 就得到了 3，这也是素数，否则，加上 1 的结果就不会是素数（因为会变成 4 或 4 以上的偶数）。这倒不是什么变化无常，我们可以认为这是很有"规律"的。

那么，如果再加上 1，也就是给原来的素数加上 2，结果会怎么样呢？这一次的结果是不是素数，就不像刚才那么有规律了。它有可能是素数，也有可能不是素数。在什么情况下是素数，什么情况下又不是素数，这其实是一个非常困难的问题。

如果一个素数加上 2 之后仍然是一个素数，那么我们就把这两个素数称为"孪生素数"。这样的孪生素数会在什么时候出现？或者我们来考虑一个更基本的问题，那就是孪生素数到底有多少对？是有无穷多对还是只有有限对？这就是非常有名的"孪生素数猜想"。这个问题曾被历史上许多数学家认真地思考过，但至今仍然是一个未解决的难题。

就像上面描述的那样，如果只是像皮亚诺公理那样来理解自然数，也就是完全按照"一次一次地加上 1"的方法来考虑问题的话，一旦涉及和素数有关的事情，就会很轻易地制造出数学上的难题。

除此之外，我们还可以考虑这样的问题。既然不知道素数加上 2 之后是不是素数，那么我们就不断加上 1，直到再次遇到一个素数为止。问题是，这会发生在什么时候？也就是说，从一个素数出发，到下一个素数的间隔是怎样的？这个间隔在某种程度上是可以预测的吗？即使不知道完全正确的数值，是不是能够从概率上来了解呢？

如果对素数进行一定程度的考察，就能凭感觉得出以下结论。随着数值的不断增大，素数的出现频率也会变得越来越低。比如说，100 以内的素数有 25 个，同样是 100 的“宽度”，1000 ～ 1100 的范围内就只有 16 个，10000 ～ 10100 的范围内则只有 11 个，100000 ～ 100100 的范围内就只有 6 个。实际上，在数学的世界里，我们有一个称为“素数定理”的定理。根据这个定理，我们可以用一种叫作对数积分的函数来近似表达素数出现的频率。从这个意义上来说，素数出现的频率，也就是“素数分布的问题”，可以近似地得到解答。

伯恩哈德·黎曼
Bernhard Riemann
（1826—1866 年）

但是，在这里我们还有一个更加精细的猜想，这就是所谓的“黎曼猜想”，这是一个非常著名的猜想。它是由 19 世纪的天才数学家黎曼提出来的，如果这个猜想获得解决的话，关于素数的分布我们就会得到相当精细的结果。但是，这个猜想至今还没有得到解决，而且到目前为止，似乎连解决的头绪都没有找到。

这些问题都明白无误地告诉我们，如果仅仅通过“一次一次地加上 1”这种加法运算的方式来理解自然数的话，那么自然数的那些属于乘法世界里的性质，特别是与素数有关的各种结构，就会成为很困难的问题。这说明在加法结构与乘法结构之间确实存在着相当复杂的关系。加法和乘法不论哪一个都是构成自然数所不可缺少的东西，而且它们交织缠绕在一起，共同塑造了我们在日常生活中所使用的“数”这个东西。但是，这种关系完全不是通过简单的程序就能获得理解的。这么说的依据是，加法和乘法相互交织缠绕的结果，制造了很多极其困难的问题，世界上乃至历史上众多的数学家费尽心力也无法解决。加法和乘法之间的关系就是这么困难，人类目前还完全不能理解这样的关系。

困难还不止于此。我们看到，在素数上不断加上 1 的过程已经产生了非常困难的问题。下面不妨换个思路，试着把两个素数加起来，结果会怎么样呢？这又是一个把加法和乘法混在一起的问题。也就是把素数“乘法世界”里的对象放在“加法”的环境里来考察。除了 2 以外的素数都是奇数，把两个奇素数加起来，得到的结果都是偶数。那么反过来，任何一个（4 或 4 以上的）偶数，都是这样两个素数加起来而得到的数吗？这就是我们在第 2 章里简单介绍过的哥德巴赫猜想。正如前文所说的那样，这个猜想也是一个尚未解决的问题。

加法和乘法的交织缠绕

我们已经提到了好几个数论中的著名问题，比如孪生素数猜想、素数分布问题、哥德巴赫猜想等，它们都是表面看起来好像很简单，但实际上极其困难的问题。而且，这些问题都是从“加法和乘法的交织缠绕”中产生的。人类目前还完全无法解决这些问题。因此，我们似乎可以认为，实际上，对于加法和乘法之间的真正关系，人类应该还完全没有理解吧。或许有人会觉得，加法也好，乘法也好，这两个不都是很简单的吗？那么，它们之间的关系当然也应该是很简单的，数学已经有了这么大的进步，数学家们肯定早已经把这件事理解得透透的了。但实际情况却是，这两者之间的关系是一个非常困难的问题，到目前为止，还没有人能够把它理解清楚。

而 ABC 猜想之所以这么困难，就是因为这样的缘故。正如我们在前面说到的，ABC 猜想也是想要理解数的加法和乘法之间的微妙关系，而这种关系是不可能通过简单的手段轻松把握的。正因为如此，ABC 猜想虽然看起来相当简单，但实际上是非常困难的，而且它在数学上也是非常深奥的。

因此，为了解决 ABC 猜想，无论如何，我们都需要从数的“加法和乘法的关系”这个核心课题上寻找突破口。望月教授的 IUT 理论正是试图挑战这些根本性的问题的理论。那么，这种挑战是如何进行的呢？从第 5 章开始，我们将对 IUT 理论的内容做一番概略的介绍，并通过这样的解说来观察这个理论是如何探究“加法与乘法的交织缠绕”这个问题的。

第⑤章 拼图板中的碎片

IUT 理论的新颖之处

从本章开始，我们要做的事情就是，一步一步地进入 IUT 理论的殿堂。当然，IUT 理论是一个非常难懂的理论，坊间甚至流传着这样的说法，当今这个世界上能够理解它的人屈指可数。所以，我们恐怕不得不采取这样一种做法，即尽量不使用数学公式，只从概念上对它做一番哲学性的描述。从这个角度上说，这种描述在数学上并不是完全准确的，但是我们还是希望通过这样一种描述能够让读者充分地了解下面几个要点：望月教授提出 IUT 理论这套新的数学构想究竟想达到什么样的目标，以及这个理论对于数学这一人类知识的领域到底会有什么样的影响。

在谈论 IUT 理论之前，我们还是想再一次明确一件事情（虽然在前面已经说过很多次了）。那就是，促使望月教授提出 IUT 理论的一个最初的重要动机就是要解决 ABC 猜想，这是毫无疑问的。因而，我们完全可以这么说，望月教授在构建 IUT 理论的过程中，一直是把解决 ABC 猜想作为头等目标来考虑的。而且，我想很多读者之所以会翻开这本书，也是因为对 ABC 猜想这一数学难题感兴趣，想要知道望月教授到底想出了什么应对办法。实际上，在本书里，我们对于 IUT 理论采用了一种概念性的（或者哲学性的）描述方式，这是为了让一般的读者也比较容易理解。但这样一来，要谈论 IUT 理论在 ABC 猜想上的应用，我们就只能满足于一种概念性的说明。比如说，我们在第 4 章提到过，为了解决 ABC 猜想，最重要的一个课题就是如何理解“加法与乘法的关系”。因此，我们所给出的 IUT 理论的概述对于探索这个课题也能提供某种思考方向。因为这样的关系，本书至少也能比较间接地（或者说从哲学思想的层面上）对于下面这件事做出一定程度的解说，那就是望月教授为了攻克 ABC 猜想，究竟都考虑了一些什么样的事情。

但是，说到 IUT 理论是怎么应用在 ABC 猜想这个问题上的，其中都包含哪些步骤，每一步又是怎么实现的，诸如此类的技术性很强的话题，我们在本书里并不会详细叙述，而且也不打算把重点放在这些话题上面。事实上，从本书的思维脉络来看，这也显得没有那么重要，为什么呢？因为我们在前面已经说过，IUT 理论这个宏大的理论才是本书真正的主角，是我们应该主要关注的对象，至于 ABC 猜想，不过是它的一个应用而已。

不管怎么说，ABC 猜想是相当困难的猜想。它关联着“加法和乘法的交织缠绕”这样的课题。在数的世界里，这大概是最为基础性的问题了。如此说来，为了解决这一问题而构建起来的 IUT 理论，就是要在数学这个极其基础性的层面上寻求突破。从这个意义上来说，恰恰是 IUT 理论，而不是 ABC 猜想，包含最为丰富的新想法。所以从现在开始，我们就要把注意力集中在 IUT 理论这个主角身上，特别是要关注它对数学思维所提出的那些全新的想法。

也就是说，我们的着眼点是 IUT 理论在数学上提出的那些新想法，以及由此所产生的新观点和新方法等。因而，我们给本书设定的最重要的任务就是，以尽可能通俗易懂的方式向读者展示出 IUT 理论的下述特征，即这个理论有着巨大的颠覆性，它很有可能在数学的世界里引发一场革命。简言之，这个理论想要达成的目标是极其“广阔且深远”的。与这比起来，像解决 ABC 猜想之类的话题只不过是比较技术性的问题而已，它的重要性远不如前者。这就是我们不想把注意力放在这些应用上，而是集中放在那个更基础也更深邃的 IUT 理论上的根本原因。而且，即便是对于 IUT 理论本身，我们的首要目标也不是探讨那些繁杂的数学论述，而是提炼出它背后的思想方法，并且简明扼要地做个解说，以此来凸显其所蕴藏着的革命性想法。

数学的舞台

首先，我们要指出的是，IUT 理论的一大特征，也是该理论所具有的一个革命性的“崭新”之处，就是它创立了一种全新的理解“加法和乘法的交织缠绕”的方法，这在往常的数学框架里是做不到的。我们在第 4 章已经说过，“加法与乘法之间的关系”看起来好像很简单，实际上却是非常复杂的。到目前为止，人类还没有完全理解这个关系，这也是我们还有很多与之相关的高难度猜想无法解决的原因，比如围绕着素数的一系列问题。而且，在通常的数学框架中，加法和乘法这两种运算以极其复杂的方式交织缠绕在一起，要想把它们分开，基本上是不可能的。这种剪不断理还乱的关系又根植于“数”这种对象的最为根本的内在性质，所以如果随随便便地去拆解它，很可能会对整个数学造成破坏。

正因为如此，我们不妨说，IUT 理论的目标就是要把在通常的数学里绝对做不到的事情变为可能。而为了能让这样的事情成为可能，IUT 理论实际上对整个数学思维提出了一种新的方案。数学发展到今天也算是极其丰富了。但是在这里面，有那么一件事就是做不到。既然如此，为了让这件事成为可能，我们就应该针对数学的思维体系本身引入新的思考方式。用非常粗略的语言来说，IUT 理论正是在这样的层面上对数学提出了一套新的方案。

如果要说得再具体一点的话，这里想做的事情就是，把加法运算和乘法运算分离开来，让它们成为相互独立的东西，然后分别予以考察。但是，如果只是想把加法运算和乘法运算分别拿出来进行考察的话，这当然是谁都做得到的，而且就算这么做了，感觉也完全不会有什么新的事情成为可能。对于这个问题，IUT 理论提出了一种新的思考方法，那就是“在多个数学舞台上展开工作”。

如果像往常的数学那样在“单个舞台”上进行数学思考的话，就没有办法把加法和乘法分开来进行考察。这里所说的“把加法和乘法分开来进行考察”到底是什么意思呢？这件事情解释起来并不是那么容易，大致说起来，有点儿这样的意思：“让加法和乘法中的一个保持不变，而让另一个稍微变个形，或者让它伸缩一下”。这个说法听起来有点神秘莫测，不过从直观上说就是这么一种感觉。随着我们对 IUT 理论的解说的不断深入，这个说法的含义也会渐渐清晰起来。但是，从直觉上也能很容易明白，像这样一种神秘兮兮的操作，使用通常的数学方法恐怕是不可能做到的。

正如我们在前面已经多次说过的那样，加法和乘法这两种运算同处在一个数学结构之中，彼此之间有着密切的关系，而且两者又以非常复杂的方式交织缠绕在一起。因此，如果想要轻易地把两者分开的话，马上就会引发各种矛盾。在这样的情况下，为了避免产生这样那样的矛盾，就不能只使用一个数学框架，而要使用“多个数学框架”来进行思考。用望月教授自己的话来说，那就是要在数学的“多个舞台”或者“多个数学宇宙”中进行工作。

这里，有人可能会对“舞台”这个词的确切含义产生疑问。它也可以说是我们在第 1 章里略微提到过的“视宇”（即“数学宇宙”）这个概念的另一种说法。前面已经说过，宇宙就是我们生活于其中，并且对其进行思考、进行科学活动的所有物质、场所和时间的统一体。也就是说，它是进行所有活动和思考的舞台，是我们的思考能力无法越出其外的一个基本范围，是“所有事物的统一体”。IUT 理论中所说的“舞台”，差不多也是这样一种东西，即它是我们在通常的数学里进行各种计算或者证明各种理论时的基本范围，是我们做这些事情时的那个舞台。也可以说，它是我们进行数学思考时的那个“数学统一体”。总而言之，这个“舞台”对于我们来说，就像是数学的全部内容。

对于我们来说，一直以来，数学都是被当成“一”个学科来考虑的。数学具有“内在的多样性”，它是由很多对象、很多领域和很多概念组成的，这些对象、领域和概念常常处于相互交叉的状态，宛如一场“多种拳法的格斗大赛”。与此同时，作为一个名为“数学”的学科，它也确实是一个统一体。从这个意义上来说，数学一直就被当成“一”个学科。所以，在进行数学研究的时候，一般也是在“同一个数学”这样的范围里，或者说这样的“宇宙”里进行工作的，人们甚至几乎没有特别意识到这种范围的存在。

但是，IUT 理论认为，这样的“数学统一体”（或者说，这样一种模型）可以有很多个，而且我们需要考察这些不同的“舞台”，或者说不同的“宇宙”之间的关系。这个想法是在数学历史上从来没有出现过的，完全是一种全新的思考方法。简单来说，该理论就是希望通过引入多个数学舞台，使得加法和乘法能够各自独立地得以考察，而不至于产生矛盾。就是这样一种想法，听起来相当惊险，仿佛是杂技动作一样。

在多个数学“舞台”上展开工作，这个想法确实够新颖，应该还没有人听说过吧。首先，“不同的宇宙”“不同的世界”等这样一些说法，很容易被人认为是意义不明的词语，即使想要对其中所包含的数学内容做准确的解释，也会觉得实在是难以入手。本书接下来就要展开对于 IUT 理论本身的解说，就让我们一点一点地对此做个详细的说明吧。

拼图游戏

上面我们说到，IUT 理论要做的事情就是在“多个舞台”上进行数学思考。与以往数学中的基本思维方式相比，这可是一个完全不同的新思路。正如前文所述，“数学”这个学科是作为一个统一体而存在着的，这一点是毋庸置疑的。但是，IUT 理论又认为这种“数学统一体”可以有很多个。这到底是怎么一回事呢？一旦我们开始思考这种类型的问题，马上就会意识到，我们恐怕不得不从一个非常基础性的地方开始讨论，那就是数学到底是个什么东西。因此，我们还得先来聊一聊“数学是什么”这样一个问题。

关于数学这个学科的本质，我们在第 2 章已经做了一定程度的介绍。但是，我们现在必须对这个话题做一番更加深入的考察。然后以此为基础，我们再来探讨 IUT 理论与往常的数学有什么样的不同之处。

说到这里，我想提一提爱德华·弗伦克尔所做的一个比喻。弗伦克尔写过一些面向普通读者的数学书，因而很有名。最近，他在美国加利福尼亚大学伯克利分校授课的情景被 NHK 拿来做成名为“充满悬疑的数学教室”[①] 的节目在日本播放，获得了社会大众的广泛关注。对于“数学是什么”这个问题，弗伦克尔在他的课堂上做了一个非常精彩的比喻。根据他的说法，数学其实有两种，一种是学校里教的数学，另一种是研究中的数学。弗伦克尔是这样说的，学校里教的那种数学，就好像是“已有结果图的拼图游戏”，而研究中的那种数学，就好像是“没有结果图的拼图游戏”。

学校里教的数学

弗伦克尔的比喻到底说了什么事情呢？让我们先来回忆一下吧。假设这里有一个拼图游戏（见图 5-1）。一般来说，在拼图游戏的包装盒上都会有结果图。学校里教的数学，就类似于这种已经有了结果图的拼图游戏。在这种有结果图的拼图游戏中，拼图板的每一个小块上都已经事先画好了各种图样。要开始拼图的人只要先看一看包装盒上的结果图，就能知道这个拼图游戏完成以后的图形是什么样的。于是，他在拼图的时候，就可以一边在脑子中想着那个完成后的图形，一边动手去拼图。比如说，看到这个小块上的颜色是这样的，就大概能猜到它应该放

① 日文是“数学ミステリー白熱教室”。——译者注

在这一片的某个地方，看到另一个小块上的颜色是那样的，就能推测出它可能应该放在更靠上面的某个地方。已有结果图的拼图游戏基本上就是这么一种玩法。也就是说，根据每个小块上的那部分图形，大致就已经能够判断出它的相对位置。

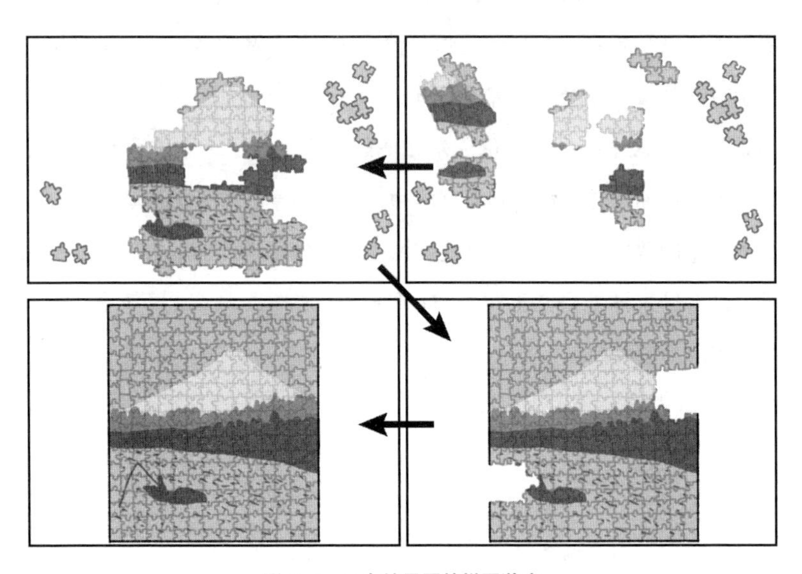

图 5-1 已有结果图的拼图游戏

如果使用第 3 章提到的那个说法，这就好比是在一步一步走向终点的过程中，随时都开着卫星定位导航系统一样。不管怎么说，在你拿起一个又一个的小块的时候，都能够根据其上面的图形或者颜色等信息大致判断出这个小块应该放在哪个区域。如果完全不考虑每个小块上的图形或者颜色，只看它们的形状，然后根据各个小块之间能不能恰好拼合起来，并耐心地去逐个进行比对，那么要把这个图最终拼好，恐怕就要花费相当长的时间了。

那些玩拼图游戏速度比较快的人，其脑子里一直留着对结果图的一个整体性的印象，然后根据这个概貌所提供的信息，来判断每个小块的大致位置。这样一来，他就能够在拼图的过程中保持很高的效率。而他之所以能够做到这一点，也是因为那种整体性的印象，或者说那种纵览全局的状态，远远超出了一个一个的小块所能提供的零散信息，它能够引导拼图的人向着正确的方向不断前进。

当然，我在这里也没有宣称这样一种拼图游戏就是非常简单的，因为在这种拼图游戏里，也会遇到那种拼起来相当费力的情况。但是，尽管在难易程度上会有很大的差异，但由于这种拼图游戏的结果图已经非常明确了，因而我们可以说，在达成最终结果之前应该做哪些事情，这在某种程度上已经是确定的。所以说，一旦我们理解了这个游戏的思考方法，剩下的事情就是怎样在使用既定方法的基础上提高效率，以达到尽快完成拼图的目标。换句话说，就是技能上的问题。

这当然就可以用来比喻学校里教的数学，因为在那里，从根本上说，答案已经是确定的，或者解题的方法在一定程度上已经是确定的。换句话说，在学校里教的那种数学中，在提出问题的同时，基本上已经知道了采用什么方法来求解是比较好的。从根本上说，就是要充分地理解那些“标准方法”，然后灵活地运用这些方法去解决难易程度不一的各种问题，这个比喻想要表达的就是这方面的意思。

研究中的数学

然而，弗伦克尔所说的“研究中的数学”就不是上述那个样子的。他把这种数学比喻成“没有结果图的拼图游戏”。在这样的拼图游戏里，目标还是要把一堆小块拼装起来，这和前面是一样的，但是在那些小块上可能什么也没有画，或者虽然也画了些东西，但是完全不知道拼好后的结果图或者说完整图是个什么样子。弗伦克尔说的就是这样一种拼图游戏（见图 5-2）。

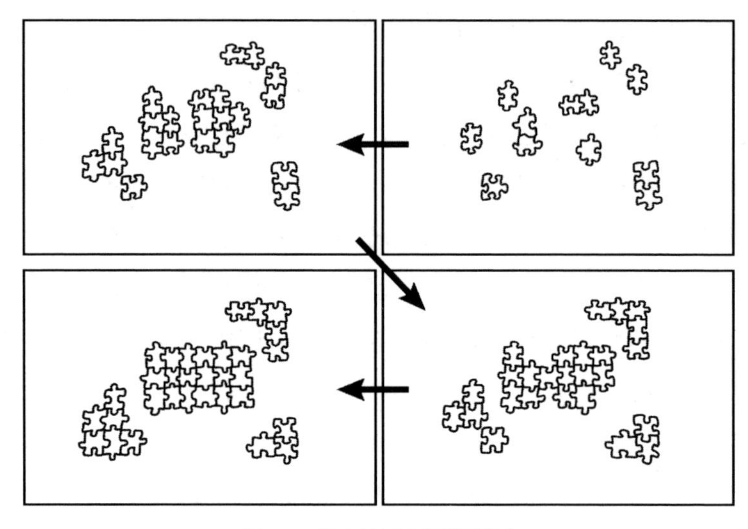

图 5-2 没有结果图的拼图游戏

想象一下，如果面对的是这样的拼图游戏，那么我们该怎么做呢？现在的问题是，即使我们把那些小块一个一个地拿在手里仔细端详，也不可能知道它们大概应该放在哪个区域，相互间有着怎样的位置关系，以及它们各自在整个图形中起着什么样的作用，至少在一开始的时候就是这么一种情况。这样一来，即使很想把它们拼起来，也会觉得毫无头绪，不知道从哪里入手比较好。因为拼图的方法在一开始的时候并不是明确的。

这种情况下，怎么开始拼呢？当然，最初恐怕也只能即把那些小块依次拿起来，两两放在一起，看看能不能刚好拼合起来，就这么不停地尝试，逐渐找出许多能够拼在一起的小块。这个方法的效率肯定是很低的，而且必须很有耐心，要花很长的时间来试验。一开始可能完全没有什么进展，但是只要坚持不懈，总会找到一些匹配的小块。随着时间的推移，会有越来越多的小发现，比如这个和这个拼不到一起去，但是这个和那个刚好能拼起来。把这种枯燥无味的试错过程重复上千遍以后，也许能够相互拼合的小块就渐渐多起来了。随着这样的进展不断积累，慢慢地形成一些大片的“区域”。而这些一片一片的“区域”，对于研究中的数学来说，就有点像是通常所说的“研究领域”或者“数学分支”。

在相当长的一段时间里，这些不同的研究领域或者数学分支会各自独立地向前发展，相互之间不产生联系。这就像是我们在拼图游戏中看到的那些“区域”一样，它们也基本上是同时开始形成的，而且相互之间在最初看起来好像没有什么关系。但是在某个时刻，我们可能突然发现了能够连接两个区域的那个小块。这就像是找到了那个在两个看似毫无关系的研究领域或数学分支之间建立起连接关系的“桥梁”。然后，原本各自独立的两个区域就会拼在一起，形成一个更大的区域。在数学的研究中，偶尔也会出现这样的情况，这就是一般所说的，出现了能够连接起多个研究领域或数学分支的重大突破。循着这样的途径，研究中的数学就会逐渐成长壮大，并且不断地提高统合的程度，一步一步地向前发展。

上面所说的就是弗伦克尔用拼图游戏所做的比喻，用来说明“学校里教的数学”和“研究中的数学”两者之间的不同之处。当然，我们在

第 3 章也说过，即使在“研究中的数学”里，在构建新数学的过程中也存在着一些直觉上的指导原则，比如说“自然性”或者“类比”之类的东西。这么说起来，如果我们把研究中的数学比喻成某种拼图游戏的话，它好像也不是完全没有线索的。不过即便是这样，它和那种有结果图的拼图游戏还是不一样的，因为不可能找到“确定的拼法”这种东西，这一点非常重要。也就是说，在“研究中的数学”里，我们所依赖的指导原则始终只是直觉性的，有点儿类似于“第六感”，而不是按部就班的工作流程。这就是它与“学校里教的数学”在本质上的不同之处。从这个角度来说，我觉得弗伦克尔的比喻的确是非常巧妙的。

跨视宇拼图游戏

现在，我们回来说一说 IUT 理论吧。对于往常的数学，我们介绍了弗伦克尔的拼图游戏的比喻。那么问题来了，不妨大胆地设想一下，如果也用拼图游戏来比喻 IUT 理论的话，它又是一种什么样的拼图呢？

我们已经不止一次地提到过，IUT 理论与以往的数学有着根本性的不同，它对数学提出了一种崭新的思考方法。因而，它既不同于弗伦克尔在比喻中所描绘的那种“学校里教的数学”，也不同于以往所说的那种“研究中的数学”。对于这种不同，我们也想仿照弗伦克尔的做法，用拼图游戏这种比喻来描绘一下。在弗伦克尔的比喻中，第一种拼图游戏是“已有结果图的拼图游戏”，第二种拼图游戏是“没有结果图的拼图游戏”。现在我们考虑一下，是不是还有第三种拼图游戏可以用来比喻 IUT 理论呢？

用拼图游戏来比喻的话，“跨视宇的数学”就好像图 5-3 所示的那个样子，感觉如何？估计马上就会有人瞪大眼睛说：“咦？这是个什么玩意儿？”一眼看上去，甚至还有点儿像“立体画”。你要是这么聊天的话，恐怕我们就聊不下去了。但是先别着急，真的就是这种感觉呀。

就像图 5-3 所示的那样，IUT 理论想要考虑的事情是，怎样才能把两个尺寸不同的小块拼合起来。当然，我们在这里并没有说这就是 IUT 理论的全部秘密。但是，这种看起来完全超乎常理的事情，至少也是 IUT 理论的基本想法中的一部分，而且还是非常重要的一部分。我们甚至可以说，如果想要更深入地理解 IUT 理论所提出的那些崭新构想的话，这里就是合适的入口。

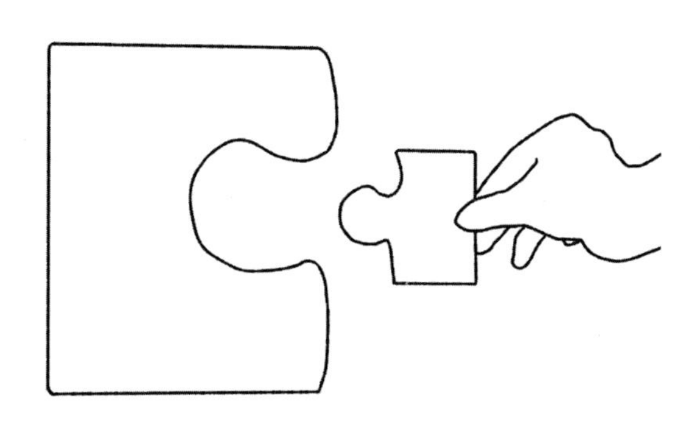

图 5-3　跨视宇拼图游戏

跨视宇的数学里所做的事情，就是要把通常数学里的某些尺寸不同、无法拼合的小块拼合起来。当然，既然是尺寸不同的小块，那么按照通常的方法肯定是不可能拼合起来的。因此，如果真想把它们“拼合”起来，那就必须为此设计出一种不同寻常的状态。也就是说，我们要引入这样一种解释方法，即这些尺寸不同的小块实际上分别属于不同的舞台。这样一来，由于各自所属的舞台（或者说所属的“宇宙”）是不同的，可以说它们本来就没有办法比较大小。此时，我们需要考虑的就是，怎样把处于这种状态的两个小块从“形式上”拼合起来（就好像我们在第 3 章里提到过的“合同式婚姻”那样）。

实际上，我们在后面马上就会说到，对于这种看起来尺寸不同的小块，IUT 理论确实给出了把它们“拼合”起来的方法，这里暂时先卖个关子。但是，在那里我们也能看出，说是“拼合”，其实在某种程度上也只是形式上的拼合。也就是说，我们想要在不同的舞台之间建立联系，那就不得不接纳一种并不完美的“结合”，这是难以避免的。IUT 理论的基本思考方法的一个典型特征就是，对于在这种“拼合”过程中所产生的偏差或者不确定性进行定量化处理。关于这一点，我们将在下面进行说明。

由加法和乘法构成的全纯结构

关于数学中的“舞台”和“宇宙”究竟是什么，我们在前面也讨论过好几次了，现在我们需要在更深的层次上来理解它。按照前面的说法，所谓“舞台”，其实就是我们通常所理解的数学统一体。换句话说，它就是我们在进行数学思考时所处的一整套数学大环境。在这样的“舞台”里，我们可以像往常那样，同时进行加法和乘法两种运算。注意，这里说的是“两种运算能够同时进行”，这一点是非常重要的。我们要考虑的“舞台”，就是这样一种数学大环境，在其中可以同时进行加法和乘法两种运算，在这个意义下，我们就说它具有一个“全纯结构”[①]。

回忆一下我们在第 3 章里介绍过的 Teichmüller 理论。那里所关心的是一种称为“复结构”的“全纯结构”。在望月教授的语言里，所谓“全纯结构”，就是“两个不同的维度非常紧密地联系在一起的状态”，就好像“一莲托生”这个词所描述的那样。现在我们想要用“全纯结构”这个词来形容数学中的“舞台”，这时候我们所关心的那“两个维度”就是“加法和乘法”。

在第 4 章里我们曾经详细地谈论过，在自然数的世界里，加法和乘法这两个“维度”是极其复杂地交织缠绕在一起的，很难把它们分开。这个错综复杂的交织缠绕状态就是导致数论中的许多问题变得非常困难的一个最重要的原因，比如 ABC 猜想、孪生素数猜想、哥德巴赫猜想等。我们把“加法与乘法”之间的这种“一莲托生”般的紧密交织缠绕而成的结构称为“全纯结构”，就是想把它与 Teichmüller 理论中的情况进行类比。于是，我们所说的“舞台”，就是指这样一种数学统一体，它已经具备了上面所说的这种“全纯结构”。通常的数学，也就是在 IUT 理论出现之前的数学，都是在单个数学舞台上进行着的数学。这就相当于说，我们已经固定了一个全纯结构，并且始终待在这个结构里进行数学活动。

在第 3 章里，我们曾经介绍过传统的 Teichmüller 理论的基本思路（虽然说得非常简略），那就是以一种十分精巧的方式对原本的“复结构”进行破坏，从而变化出很多不同的全纯结构。现在我们想做的事情

---

① 传统意义上的“全纯结构”只是对复数域上的解析结构的一种称呼，这里所说的“全纯结构”已经被赋予了另外的内涵。——译者注

与传统的 Teichmüller 理论非常类似，那就是把“加法”和“乘法”互相交织缠绕的状态理解成一种全纯结构，然后对这两个维度进行分离，巧妙地破坏原有的全纯结构，使之形变为新的全纯结构。“IUT 理论”的名称中出现了 Teichmüller 的原因就在于此。和传统的 Teichmüller 理论一样，IUT 理论也要破坏这里的全纯结构。而且，尤为重要的是，它要把“加法和乘法”分离开来。

为了使这样的事情成为可能，就不能只考虑一个全纯结构，而必须同时考虑多个全纯结构，并赋予它们同等的地位。要考虑多个全纯结构（也就是“加法和乘法交织缠绕”而成的结构），就必须有多个数学“舞台”。这样一来，我们就需要思考多个“宇宙”，并在这些“宇宙”之间穿梭往来，而且还要考察它们之间的关系。因而，在理论的名称里就出现了“跨视宇”这样的形容词。最终，这个理论的名称就变成了“IUT 理论”。

如果像通常的数学那样只在单一的舞台上进行工作的话，那就不可能把“加法和乘法”分离开来。也就是说，在单个数学舞台中只能有一个全纯结构。因此，为了能同时思考多个全纯结构，就必然要同时思考多个数学舞台。也就是说，要想达成我们的目标，除了设定出多个数学舞台之外，大概已经没有别的办法了。

新的灵活性

在传统的 Teichmüller 理论中也是这样一种情况，不能只考虑一个全纯结构，而要考虑多个全纯结构。也就是说，我们要讨论全纯结构的“破坏”和“形变”，这个做法使得理论具有了前所未有的灵活性。IUT

理论则是要通过设置多个数学舞台而获得在往常的数学中所没有的“另一种灵活性”，从而使以前一直做不到的事情成为可能。说得具体一点儿就是，这个理论使我们能够把加法运算和乘法运算分离开来，然后各自独立地对它们进行考察。

通过思考多个舞台而获得一种“新的灵活性”，这到底是什么意思呢？对于这个问题，我们想先举出一些现实社会中的例子，以此做个比喻，希望这样能使读者更容易理解数学世界里发生的事情。

比如说，“同一个人”或者“同一个物体”，如果能够出现在多个舞台的话，就会产生意想不到的灵活性，这种事情也是有可能发生的。我们就先来说一说这个话题吧。下面举出的第一个例子似乎不太恰当，但是不妨看一看。想象一下，在科幻小说里经常出现的一个场景，即多重宇宙或者平行宇宙。也就是说，在我们这个宇宙的外面，还有一个跟这个宇宙一模一样的复制宇宙，那个宇宙里发生的事情和我们所处的这个宇宙里发生的事情完全处于平行演进的状态下。

虽然那是“另一个宇宙”，但它毕竟还是我们所居住的“这个宇宙”的复制版，所以那里也住着一个你（的复制版）。不仅如此，那里的“另一个你”所看到的周围世界和环境也和这个宇宙中的你所看到的周围世界和环境是一模一样的。这样看起来的话，在另一个宇宙中的“另一个你”，就相当于那个宇宙中的“你”。也就是说，在那个宇宙中的那个人对于你来说既是另外一个人，也是你自己。既是“同”一个人，又是“不同”的人，这个说法里好像有那么一点儿自相矛盾的感觉。

就算我们不考虑这种听起来玄之又玄的科幻场景，也可以从身边发生的事情里找到合适的例子。下面我们就来举一个这样的例子，在这里，并不会出现平行宇宙里所说的那种复制版的人，而且两个舞台在规模和实际含义等方面是截然不同的，但也出现了既是“同”一个人又是“不同”的人的现象。

请看一下图 5-4 中的两幅插图，我们先指出，位于两幅图的中央位置的两个人实际上是“同”一个女演员。不过在两幅图中，这个女演员出现在了不同的“舞台”上。在左边那幅图里，女演员正在演着她在电影中的角色，但她本人却是处在现实世界这个舞台上的。所以，图中表现出的是现实世界中的情景，女演员正在表演着电影里的情节，摄像师和录音师也在一旁紧张地工作着。与此不同的是，在右边那幅图里，同一个女演员出现在了电影银幕这个“舞台”上，演着电影中的角色。当然，在拍电影的过程中，女演员所处的现实世界里还围着摄像师和录音师等人。但是，在电影中的那个世界里，这位女演员已经不再是一名女演员，而是存在于电影这个“舞台”之中的某一个人。

图 5-4　正在演着电影角色的现实世界中的女演员（左）和电影中的女演员（右）

当然，即便是这样，我们还是会意识到处于不同世界里的女演员其实是“同”一个人。但是需要注意的是，正在这么想的我们，和沉浸在电影世界里的我们，所看到的“舞台”是完全不同的。当我们站在现实世界的角度来思考的时候，这两个女演员确实是同一个人。但是，当我们沉浸在电影世界之中的时候，对我们来说，她就不再是生活在现实世界中的人，而是生活在电影世界那个“舞台”中的人。从这个意义上来说，这两个女演员既是“同”一个人，又是“不同”的人。既相同又不同，这种事情如果发生在同一个舞台上的话，当然就是一个无可救药的矛盾。但是，如果我们能够像这样在不同的舞台上思考问题的话，那就不称其为矛盾了。

从这些例子中已然可以观察到这样一件事，只要设置了多个“舞台”，即使对于“同”一个东西，我们在理解它的时候也会生出一些灵活性。而且，正是有了这样一种灵活性，对于既是“同”一个人又是“不同”的人之类的看起来自相矛盾的状况，我们才能毫无障碍地让两者和平共存。

在图 5-4 所示的那两幅图里，同一个女演员所处的舞台是不同的。我们也可以说，她位于不同的“宇宙”之中。对于左边的女演员来说，她面对的就是自己作为女演员的日常生活状态，因而她所处的就是环绕着自己一生的现实世界以及支撑着这个世界的完整宇宙。而对于右边的女演员来说，她已经进入了电影的故事情节之中，因而她所处的就是电影的世界里所设定的那个宇宙。

嵌套宇宙

说得再深入一点儿，请注意在图 5-4 所示的那两个不同宇宙之间有一种特别的关系，那就是其中一个宇宙是“嵌套”在另一个宇宙之中的。实际上，左边的女演员所处的宇宙是那个容纳了她的整个人生的巨大舞台，而她所演的电影里的那个世界则嵌套在前面那个宇宙之中。也就是说，现实世界这个大宇宙完全包含电影世界中的那个小宇宙，它们之间就是这样一种结构关系。

这里就有一些值得思考的问题了，比如说，这种嵌套在大宇宙里面的小宇宙究竟与那个大宇宙有着怎样的关系呢？是不是有某些物品或者信息是同时存在于两个宇宙里的呢？这两个宇宙可以相互影响吗？

稍微思考一下就会发现，实际上，在这样的状况下，能够同时存在于这两个宇宙里的东西出乎意料地少。比如说，我们不能和电影中的人进行对话。即使知道电影中的那个人就是你自己，你也没有办法和那个人握手。而且，因为电影中的自己和现实中的自己处在相互隔绝的状态，所以现实中的自己完全不能像电影中的自己那样生活。同样，现实世界中的人不可能把任何东西送到电影世界中的人手上，也不可能把任何消息告诉他。就像我们看推理片或者惊悚片时经常有的情况那样，看到紧要关头，心已经提到嗓子眼儿了，很想告诉剧中人前面有危险，但还是只有干着急没办法。

就是这么一个状况，我们看到在大宇宙和其中嵌套着的小宇宙之间能够共通的东西其实意外地少。这是因为，每个世界都有自己的运行秩序，或者说，每个世界暗含着一些无法打破的结构。在大部分情况下，想要与另一个世界的人建立联系，就会违反这些既有的秩序。数学中的舞台也有类似的情况，不同的宇宙之间能够共通的东西很少。在数学里的含义就是，它们各自的“全纯结构”是无法共通的。也就是说，不同的“全纯结构”没有办法和平共存。

说到“嵌套宇宙”，在前面的例子中我们考虑了这样一种情况，即现实世界中嵌套着电影的世界。这个例子其实不怎么恰当，因为在数学的理解中，本质上应该把两个不同的宇宙看作对等的。上述例子中的一个宇宙是“现实世界”，另一个宇宙是“电影世界”，两者的内涵是有差别的。而我们希望考察的是两个具有同等地位的舞台，而且其中一个嵌套在另一个之中。在后面的解说中，我们还有必要考虑那种由多个数学舞台的连续嵌套而产生的情况，如果要找一个与它类似的情况的话，也许可以举这样的例子，即在一部电影的情节中正在演着另一部电影。我们其实经常会遇到这种情况，比如在看电视剧的时候，那个电视剧里刚好也出现了一台电视机，而且电视剧里的人正在看那台电视机里的电视剧。这个现象就可以看成是两个“对等”的宇宙处于嵌套状态的一个相当好的模型。

我们来看一下图 5–5。这里所展示的就是在一个图像之中还嵌套着一个图像，而后面这个图像里又嵌套着另一个图像的状况。图 5–5 嵌套宇宙中的世界虽然描绘的是外部世界，但它又是一个与外部世界不同的舞台。出现在这个世界里的东西和外部世界的东西既是“同”一个东西又是“不同”的东西。而且，在其中又嵌套着一个描绘这个世界的新舞台。然后，在这个新舞台里又嵌套着另一个舞台，就这样无穷无尽地延续下去，最终形成了多个世界层层嵌套的状况。在下文中，当我们使用“嵌套宇宙”或者“嵌套着的舞台”这样一类词语的时候，想要表达的大概就是这么一种意思。

图 5–5　嵌套宇宙

在这里，不同的舞台之间能够共通的东西也非常少，这和前面的状况是一样的。画面之外的人没有办法和画面之中的人握手。而且，画面中的人也没有办法和画面中的那个画面里的人握手。我们可以这样来理解，正是因为能够共通的东西非常少，才能够使既是“同”一个人又是“不同”的人这种矛盾的状况出现了整合的可能性。这些简单的实验性例子都是可以在现实中再现出来的，我们就用它们来作为“嵌套宇宙”的一种简便易懂的模型。

把不同舞台里的小块拼合起来

现在让我们回到图 5–3 所展示的“跨视宇拼图游戏”。在那里出现了两个尺寸不同的小块，画面描绘的就是想要把这两个尺寸不同的小块“拼合”起来的样子。我们在前面已经说过，为了把这些小块“拼合”起来，必须设定多个“舞台”，而且要把不同的“小块”放到不同的舞台里。实际上，这些小块在单一的舞台中根本不可能拼合在一起。如果一定要把它们拼合起来的话，那就需要设置不同的舞台，以此来获得一种新的灵活性。

实际上，如果我们使用刚才讨论过的那个图像嵌套着图像的“嵌套宇宙”模型的话，就可以把这些小块“拼合”起来。请看图 5-6，在那个尺寸比较大的小块的后面，嵌套着一个新的宇宙，这个宇宙里又出现了“同”一个小块（但尺寸变小了！）。这个小块与右边的那个尺寸比较小的小块刚好能够严丝合缝地“拼起来”。

图 5–6　把不同舞台中的小块“拼起来”

在单一的图像中，或者说在单一的宇宙中，这两个小块是没有办法拼合的，因为这与那些决定了世界秩序的各种各样的底层结构（这是用来比喻“全纯结构”的）存在矛盾，比如“尺寸”就是这样一种秩序。但是，如果有多个宇宙可以使用，而且我们可以在不同的宇宙中考虑“同”一些东西的话，那么由于横跨了多个宇宙，所以至少在形式上完全有可能把这些东西拼合起来，同时也不会与任何一个宇宙里的既定秩序产生矛盾。

当然，我们在前面已经多次说过，不同舞台之间能够共通的东西非常少，处于不同舞台里的物品或人是没有办法直接建立连接或者相互握手的。因此，这里说要把存在于不同舞台里的小块“拼合”起来，那也终究只是形式上的操作而已。但就算只是形式上的，也不是随便糊弄一下就可以交差的。不管怎么说，这确实是把“同”一些小块漂亮地拼在一起了！同样，在 IUT 理论中，不同舞台之间的关系也不仅仅是形式上的，而是具备了数学上的某些含义。下面，我们就来简要地讨论一下这方面的内容。

Θ 纽带

根据“把不同舞台里的小块拼合起来”中的介绍，对于要把尺寸不同的碎片“拼合”在一起的这种跨视宇拼图游戏，大家可能多多少少知道它是怎么一回事了。其大意就是，要设定出多个不同的舞台，然后把一个舞台里的东西投影到另外的舞台里，就可以至少在形式上完成拼合了。或者说，让“同”一些东西出现在不同的宇宙里，然后把它们拼合起来。就是这么一种感觉，有了这样的直观印象，我们就可以继续往下讨论了。

在 IUT 理论中，与这个直观印象相对应的概念就是“Θ 纽带”。这个名词其实在第 3 章就已经出现过了。回忆一下，那里曾经说过，望月教授展现了非凡的类比式思维能力，把这个概念比喻成“合同式婚姻”。在这里，我们也能略微观察到跨视宇拼图游戏中的那个“形式性”

的一面。

在 IUT 理论中，通过 Θ 纽带，不同的数学舞台（数学统一体）中的“乘法运算”小块之间就可以在形式上建立起联系，就像我们在上面描述的那样。也就是说，这个拼图游戏里使用的小块其实就是“乘法运算”。以前的数学都只是在单一的数学舞台上进行工作的，所以这种把乘法运算当成拼图游戏的小块进行拼合，再由此展开各种各样的计算或者理论构建的过程，就对应着普通意义上的拼图游戏里的那种拼合过程。就像弗伦克尔所说的那样，这里的拼图游戏也会有两种类型，一种是有结果图的（学校里教的数学），另一种是没有结果图的（研究中的数学）。但是，这些都是在同一个数学舞台上所进行的事情。因而，这种拼图里的小块也是在以普通意义上并不矛盾的方式来拼合的，然后根据问题的难易程度，经历各种迂回曲折的演化过程，逐渐地拼出了一个一个的数学理论。

但是在 IUT 理论中，就像前面说过的那样，我们需要考虑一种新的做法，就是先让数的世界里的加法运算保持不动，只让乘法运算进行那种 Teichmüller 式的伸缩形变。通过这种方式，就可以把加法和乘法分离开来，各自进行考察，这是只有在 IUT 理论中才能完成的极致动作。要做到这一点，只在单一的数学舞台上进行操作肯定是不行的。这是因为它与数学世界中的“加法与乘法的关系”这种秩序，也就是所谓的“全纯结构”产生了矛盾。因而，我们必须设定出多个舞台，然后分别在各个舞台中考虑乘法运算。进而让其中一个舞台里的“乘法运算”的小块（相对于其他舞台里的“乘法运算”小块）进行伸缩形变，产生不同舞台里的“乘法运算”具有不同尺寸的小块。在此基础上，又可以把它们通过“合同式婚姻”一类的纽带重新联系起来，就像前面的直观印象里所做的那样。

上面这段话，可以说就是对于 IUT 理论的核心思想的一个比喻性的说明。在 IUT 理论中，我们还要使用这种“形式上”的纽带在两个不同“宇宙”中的量之间建立起“等式”。这个“等式”的形式是这样的：

$$\deg\Theta \text{ “=” } \deg q$$

这个带引号的“等式”里出现了一些含义不明的符号，可以暂时不管它们的具体意义。这些都是技术性的东西，对于我们在本书后面所要展开的讨论来说，是否理解这些符号的含义并不是很重要的事情。不过我们要指出的一点是，左边的希腊字母 Θ 所表示的东西和右边的拉丁字母 q 所表示的东西分别来自存在于两个舞台里的“同”一个东西。它们分别都是从各个舞台里的“乘法”结构派生出来的。而且，在某种意义上，它们就是有着不同“尺寸”的“同”一个东西。因而，我们可以说，这种形式上的“等式”能够反映出乘法运算的“伸缩形变”的状况（见图 5–7）。

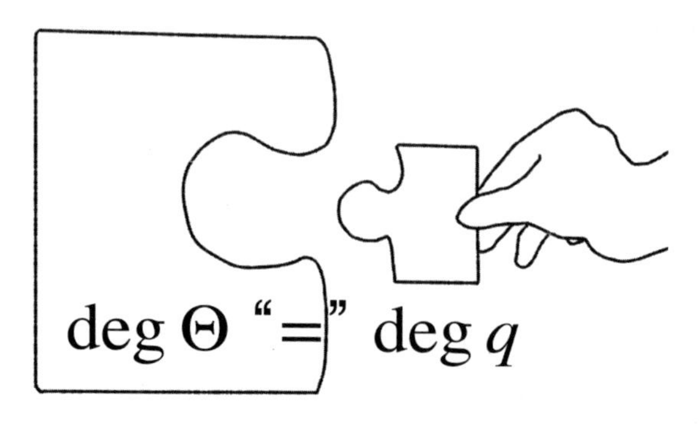

图 5–7　把尺寸不同的“乘法运算”小块拼起来

但是，这里我们还是得说一个比较技术性的话题，毕竟面对的是不同的数学舞台，要想在它们之间建立起形式上的联系，肯定要做一些难度系数很高的事情。所以，我们必须明确指出，实际上，在这种地方不可能简单地以“等式”的方式建立连接。前面也已经简单说明过，这里我们正在做的事情是，把本来是不同的拼图游戏中的小块，或者尺寸不同的小块，在形式上建立起联系。这种话听起来甚至有点儿“只做表面功夫”的感觉。而且，“等号”的左边和右边分别存在于不同的舞台。因此，如果简单地把它们看成相等的，或者把它们拉进同一个舞台里去看的话，这样的等号马上就会引发矛盾。所以说，我们不能简单地在两者之间画上等号。

现在，我们要从一种超常规的操作回归到通常意义的数学（这样说不是很恰当）中。因此，在这个过程中，总会出现某些不太协调的情况，或者说会有某些“偏差”。IUT 理论的一个要点就是，对于这种偏差，也就是说因在不同舞台之间传递信息而产生的偏差，我们可以估测它的大小。

实际上，这正是 IUT 理论的一个非常重要的想法。在不同舞台之间传递信息时会出现偏差，我们要对这个偏差进行估测。把对偏差的估测也考虑在内的话，刚才那个带引号的“等式”就会变成下面这种不等式的形式：

$$\deg\Theta \leqslant \deg q + c$$

在这个式子里，符号的具体含义也不必太在意。这个不等式的主要意思是，左边那个量本来是比较大的，但是如果在右边加上很小的数 c，就能够使右边的量变得比左边的量还大。这里说的 c“很小”，意味着这个不等式是比较“接近等式”的。也就是说，由于受到了偏差的影响，没有办法写出一个完美的等式，但我们仍然能够用不等式的方式来表达它是接近等式的。IUT 理论的一个关键点就是，在处于不同舞台的物体之间建立起上面这种形式的通常意义下的数学不等式。对于这个不等式的含义，我们在后面的章节里还会给出更详细的解说。从那里的说明就可以看出，能够推导出这样的不等式，也表明了 IUT 理论所提出的那些想法里包含着非常新颖且内涵深刻的东西。

这就是 IUT 理论的观点之一。这个理论的总体设想就是，为了能得到某些重要的不等式，我们要在多个数学舞台之间建立关系。这是一个在往常的数学中完全没有出现过的想法，而且从这样的想法出发，我们就能获得在往常的数学里所没有的灵活性和可能性，并使用它们来达到相应的目的。以此为基础，我们也可以尝试着去证明比如说 ABC 猜想中所出现的那种形式的不等式。

ABC 猜想中所出现的那种形式的不等式本身仍然是单一数学舞台里的普通不等式。因此，为了证明这样的不等式，非要跑到其他的数学舞台去不可吗？这听起来像是绕了一个大大的弯路。我们在第 1 章里也说过，即使不绕这种弯路，说不定哪天也能在通常的数学框架里完成 ABC 猜想的证明。但是，我们仍然可以说，IUT 理论带给数学一个非常重要的思想转换，那就是通过思索这类较为宏大的事物，比如说“乘法运算的伸缩形变”等，我们就能够获得一些在以往的数学中完全无法想象的灵活性。然后在这样的基础上，试着去证明那些在以前看来非常困难的不等式。

第⑥章 对称性的传递

在多个舞台上思考问题

在试着解决 ABC 猜想的过程中，望月教授非常重视的一个问题就是，在自然数所具有的加法和乘法这两种运算中，存在着非常难以解开的交织缠绕关系。可以说，正是因为加法和乘法以极其复杂的方式结合在一起，才会孕育出像 ABC 猜想这样的，看起来十分简单，但实际解决起来却无比困难的问题。因此，我们必须设法解开“加法和乘法的交织缠绕”，厘清两者之间的关系，这样才能揭示深藏在数的世界底层的一些秘密，这同时也是一条解决与素数有关的众多深层问题的最为本质的路径。这不仅是关于“自然数”这一最为基本的数学对象的问题，而且是关于“加法”和“乘法”这样两个基本运算的问题，这是连小学生都知道的东西，因而可以说是基本中的基本了。

在第 2 章里我们曾经说过，在数学中，那些具有高度影响力的工作，往往并不是出现在该领域的“最尖端”的地方，而是出现在非常基础的地方。从上面的解说也可以看出来，IUT 理论所要引发的正是这样一种东西。也就是说，它正在试图从“数”这个数学对象中的最为基础的层面来对数学进行改造。要在数学的一个非常根源性的地方，设法揭示人类至今为止都还没办法探究的一些真正根本性的奥秘，从这个意义上来说，望月教授的这个 IUT 理论简直就是要从根本上动摇以往的数学。

现代数学在各个领域的“最尖端”的地方已经发展出了极其成熟且极其高深的理论成果，但必然还存在着许多无法解释的事情。而且，这里面有相当多的问题都是非常根本性的东西。IUT 理论想要达成的目标就是，为这些在往常的数学框架里无法解决的根本性问题提供一些新的思路。从潜在的可能性上说，IUT 理论具有惊人的影响力和破坏力，恐怕在整个数学史上也很难找到能与之匹敌的例子，而这也正是源于该理论所具有的内在“性格”。

为了在最基础的层面上引发变革，IUT 理论提出了一系列全新的想法，在第 5 章里我们已经介绍了其中的一个，那就是“在多个数学舞台上思考问题”。它的基本观念是把数学舞台这种我们在其中进行各种数学活动的整体环境当成一个模型，然后通过引入多个这样的模型，来获得某些前所未有的全新灵活性。

这里，我们所说的“舞台”就是由数学这个学科的总体所形成的宇宙。在这样的“舞台”上，各种各样的数学对象和工具应有尽有，完全齐备。其中当然也包含加法和乘法。而且，还不只如此，这些对象和工具又被编入各种各样的秩序和结构之中，这是为了把数学实现为一个逻辑缜密的学科所必不可少的。这样一种结构，就是我们在前面所说的“全纯结构”。在这个全纯结构中，加法和乘法是以很难分离的方式组合在一起的，要想把它们单独拿出来分别予以考虑是不可能的。

因此，我们说，如果还像以前那样只在单一的数学舞台上展开工作的话，那是很难解决问题的。为了将加法运算和乘法运算分离开来分别进行处理，也就是说，为了破坏全纯结构，我们无论如何都必须设置多个舞台。而且，引入多个舞台来思考问题，应该会产生一些此前完全意想不到的崭新的灵活性。也就是说，很有可能我们会就此解开加法和乘法之间的复杂纠缠，进而可以各自独立地对它们进行讨论。

在不同舞台之间如何传递信息？

这样一来，为了构建一套全新的数学体系，就必须设定多个数学舞台，这就是我们应该做的事情。关于这样做的必要性以及所能带来的效果，我们已经做了各种说明，大家应该已经大致理解了吧。

那么，接下来我们需要思考的问题就是，应该用什么样的方法在这些舞台之间建立起联系。能够同时考虑多个数学舞台固然很好，但如果在它们之间完全没什么联系，完全没办法沟通，那就毫无意义了。假设在我们所居住的这个宇宙之外，还有别的宇宙存在，但如果不同的宇宙之间没有任何关系，也没有传递信息的手段，这就和别的宇宙根本不存在是一样的。科幻小说之类的作品也就无从写起了。正是因为在不同宇宙之间多少有那么一点点关联性，才会诞生各种出人意料的精彩故事。因此，在我们讨论不同宇宙或者不同数学舞台的时候，考察它们之间的关系以及信息传递手段是必不可少的。

但是，这件事其实是一个相当让人头疼的问题。就像前面已经说过的那样，不同舞台之间能够共通的东西其实少之又少。我们和电视画面里的人是没有办法握手的。对于处在画面外的人来说，要想从画面里的人那里接收什么东西，这恐怕只有在特效手段下才能实现，实际情况下根本做不到。

总之，在不同的舞台之间直接进行“物品”的传递是一件不可能的事情。和电视画面中的人握个手，或者把球扔给他，这样的事情想都不要想。

因此，如果想要在不同的舞台之间进行信息传递的话，那就需要找到某种不借助“物品”的方法。这么说来，我们到底该怎么做呢？如果不通过“物品”，那要通过什么才能完成信息传递呢？

IUT 理论提出的想法是，实现信息传递的那个媒介就是“对称性”。确切地说，IUT 理论想要借助“对称性”的传递，来实现在不同舞台之间的通信，进而在它们之间构建起适当的关系。在本章里，我们就来简明扼要地介绍一下“对称性通信”这个构想。那么，在做这件事之前，肯定就要先解释一下我们所要探讨的“对称性”究竟是一种什么样的东西。这是下一节的主要任务。

对称性

那么，对称性到底是什么东西呢？在我们身边就能找到各种各样的对称性。很多物体因为具备了对称性，要么使用起来非常方便，要么看起来非常美观。比如说，圆形的盘子无论在桌子上怎么摆放看起来都是一样的形状，但是四边形的盘子就做不到这一点。这是因为，圆这个形状比四边形这个形状具备了更多的对称性。

我们来看一下图 6-1。这里出现的是正方形这个图形。考虑一下让正方形绕着它的重心（即图中位于正方形中心的那个点）进行旋转这个动作。旋转的方向可以是任意的，比如，我们让它顺时针旋转 90°。做完一看，旋转之前的图形和旋转之后的图形似乎没有任何变化。从实际状态来说，这个正方形完成了“顺时针旋转 90°”的动作，因而我们完全可以认为它和旋转之前相比已经发生了改变。但是，仅从外观来看，确实是完全没有变化的。为什么会这样呢？因为这个图形是一个正方形，而正方形在“顺时针旋转 90°”之后的形状和原来的形状确实没有任何区别，也就是说，它们根本就是同一个图形。

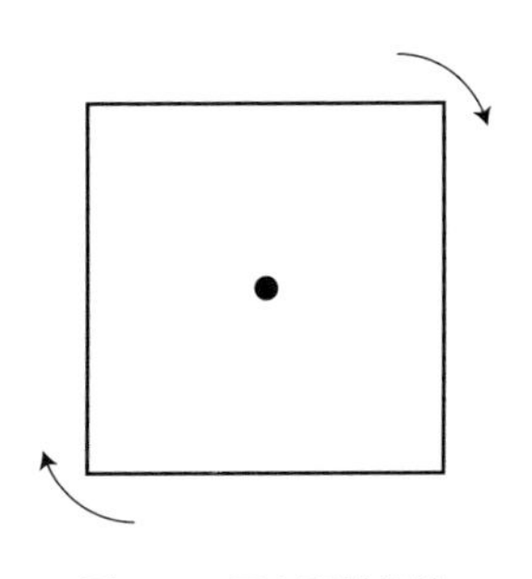

图 6–1　正方形的旋转

我们把这件事称为“正方形具有 90° 旋转下的对称性”。对称性并不是一种“物体”，而是正方形这种物体所具有的“性质”。就像刚刚所说的那样，对称性是这样一种性质，即在旋转等运动或者操作之后，物体的形状和之前相比没有发生变化。上面这些描述想必各位读者都是非常了解的。

根据这个说法，对称性与运动和操作有着密不可分的联系。上面所展示的对称性是关于以一点为中心的旋转这种运动或者操作下的对称性。这里，我们同时使用了“运动”和“操作”两个词。如果是某个人在推着正方形进行旋转，那么这件事就是那个人的“操作”，但如果是正方形自己在旋转，那么这件事就是“运动”。对于我们所要讨论的问题来说，这两种情况的区别并不是本质性的。因此，我们接下来会以说法方便为原则，自由地使用这两个词。

非常重要的一点是，对称性这种“性质”是与运动或者操作等“动作”密不可分地联系在一起的概念。说得再具体一点儿，它就是指在这些“动作”下“保持不变”或者“不发生变化”这样一种“性质”。因此，如果想要谈论对称性，那么我们只要去探讨这些运动和操作就可以了。这是迈向第 7 章所说的“群”这个概念的第一步。

旋转与镜面反射

我们再回到正方形的话题上。在上文说到正方形的对称性时，我们考虑了旋转 90° 这个操作所产生的对称性，但正方形还有另外一个与它本质不同的对称性，那就是沿着一条轴线进行翻转操作所产生的对称性。请看图 6–2，考虑那条经过正方形重心且与两条纵边平行的直线（就是图中的虚线），把它作为轴线就可以让正方形进行翻转。翻转这个操作可能稍微有点不好理解，但如果把图中的虚线当作旋转轴，并把图形进行三维旋转的话，是不是就比较容易理解了。

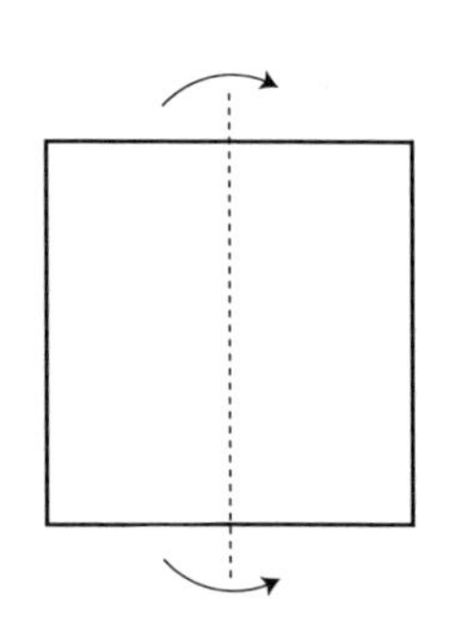

图 6–2　正方形的翻转

不管怎么说，这样操作以后，正方形又会被映射成和原来的正方形完全相同的形状，因而，这也是正方形所具有的对称性。我们把这种“翻转”操作称为“镜面反射”。于是，正方形具有在旋转和镜面反射这两种运动或者操作下的对称性。这里需要注意的是，旋转对称性和镜面反射对称性本质上是完全不同的。为了便于观察，我们可以在正方形的4个顶点处分别贴上*A*、*B*、*C*、*D*的标签。这些标签并不是图形的一部分，不过在我们对图形进行旋转和镜面反射等操作的时候，它们也会随着一起移动。

我们来看一下图6-3。顺时针旋转90°以后，*A*、*B*、*C*、*D*这些标签依次变成了*D*、*A*、*B*、*C*（图6-3上半部分）。与此对应的是，如果进行镜面反射，那么*A*、*B*、*C*、*D*这些标签就会变成*B*、*A*、*D*、*C*（图6-3下半部分）。旋转所产生的*D*、*A*、*B*、*C*这些标签的排列顺序是从*D*开始的，但是观察下图

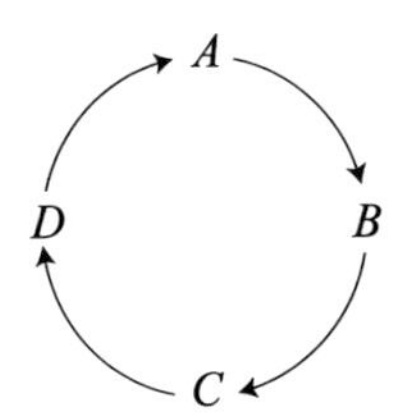

可以发现，字符的环形排列顺序并没有发生变化。再旋转一次，即转到180°，结果还是一样。在这种情况下，标签虽然变成了*C*、*D*、*A*、*B*，但其环形排列模式与*A*、*B*、*C*、*D*和*D*、*A*、*B*、*C*都是相同的。因此，我们说，标签的环形排列模式并不会因为旋转而发生改变。当然，这毕竟是由“旋转”所引起的标签移动，所以环形排列模式并不会改变，想

想也是理所当然的。

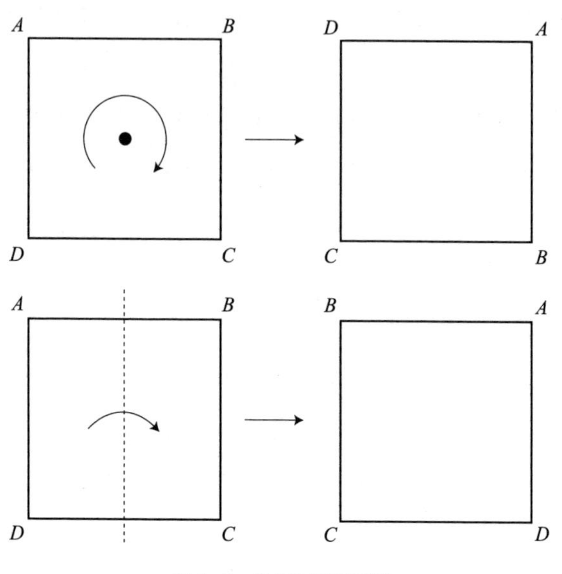

图 6–3 旋转和镜面反射

另一方面，观察一下由镜面反射形成的标签排列 B、A、D、C。我们注意到，这和 A、B、C、D 的环形排列模式是不同的。由此可以看出，无论进行多少次旋转 90° 的操作，都无法得到和镜面反射一样的效果。因而，我们可以说，旋转和镜面反射是两种本质上完全不同的操作，由它们分别产生的对称性也是正方形这个图形所具有的两个本质上并不相同的性质。

关于旋转和镜面反射是两种本质上不同的运动这件事，我们也可以通过下面这种更为简便的方法看出来。比如，可以假设刚才那个正方形是用厚纸之类的东西做出来的，而且它的正反面也能分得很清楚。

现在，假设一开始我们看到的是正面，在旋转这种操作下，正方形的正面和反面是不会互换的。也就是说，无论旋转了多少次，我们看到的那一面依然是正面。但是，镜面反射的情况就不一样了。如前面所示，我们可以把镜面反射想象成沿着对称轴的三维旋转，这样就会发现，在这个操作完成之前和完成之后，图形的正面和反面发生了互换。从这件事也可以看出，无论我们让正方形旋转了多少次，都不可能成为镜面反射。

我们来总结一下上面所说的事情。这里关注的是“对称性”这种东西。所谓对称性，就是指图形的外观在旋转和镜面反射等“运动”和“操作”下不会发生变化这个性质。如果一个对象 X（不限于图形）在施加操作 s 之后没有变化，我们就说

X 对于操作 s 来说是对称的

或者

X 具有相对于操作 s 的对称性

而且，对称性可以有很多不同的种类。为了区分它们，我们也有许多不同的方法。例如，标签的环形排列模式在旋转下是不变的，但在镜面反射下并不是不变的。发现了这一点，也就找到了区别这两种对称性的重要依据。同样，为了区分旋转和镜面反射，我们也可以考虑“正反面”这个指标。

像这样系统地考察对称性以及与之相关的运动和操作等事项的工作，在数学的世界里主要是划归在“群论”这个领域中的。说到群论，我们后面还会做一些更为详细的说明。

基于对称性的复原

关于对称性这个话题，后面我们还会不断地从各个角度来进行解释，初步的介绍就暂时到此为止吧。这里的一个最为重要的观念是，“对称性并不是物体，而是物体的性质”。

对称性本身并不是那种具有实体意义的对象。它并不是物体，而是与物体相关的性质和特征。例如，我们可以说正方形“具有”旋转和镜面反射这样的对称性，但这也只意味着这些被称为对称性的“性质”可以在正方形上表现出来。因此，说到底，首先必须有某种“物体”，然后我们才能说该物体具有对称性这样一种“性质”。

为什么要强调这些呢？其实就是希望大家在这个问题上能够完成一次想法上的转变。实际上，我们下面想做的事情就是，把这个“先有物体，然后才有它的对称性这样一种性质”的顺序颠倒过来。也就是说，要把上面所说的

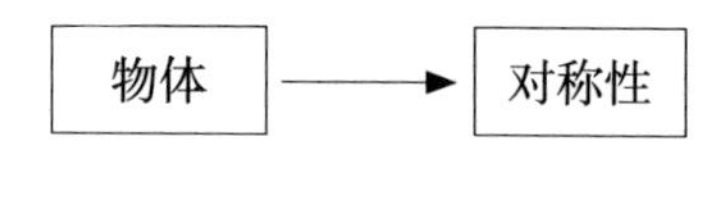

的顺序变成

的顺序，从而实现一次逆转。具体来说，就是要从“对称性”这个性质出发，把“物体”复原出来（见图 6-4）。这到底是怎么一回事呢？

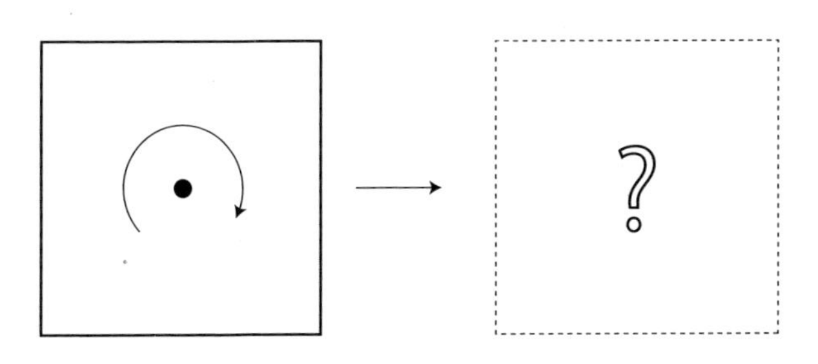

图 6–4　基于对称性的复原

假设我们现在有一个物体，而且有一些运动或者操作，它们不会改变该物体的图形。我们把这样的操作尽可能收集起来进行考虑。现在的问题是，对于一个没有看过该物体的图形的人来说，在知道了上面那些能够产生对称性的操作之后，他是不是能够从这些信息中把物体的图形复原出来。

比如，我们还是来考虑一下之前说过的那个正方形吧。正方形具有在 90° 旋转操作下的对称性。把这个操作重复 4 次之后，正方形就会回到原来的状态。现在，假设我们已经完全忘记了正方形这个图形，只知道它具有在 90° 旋转下的对称性。问题来了，如果完全不知道原来的图形是什么样的，只从它具有“90° 旋转的对称性”这个性质出发来复原图形的话，我们会怎么考虑呢？

首先，我们可以尝试这样一种做法，确定一个适当的旋转中心，然后从它出发向某个方向引出一个箭头。接下来，根据“90° 旋转的对称性”这个信息，把这个箭头旋转 90°。重复 4 次以后，就会得到 4 个箭头，并回到最初那个箭头上（见图 6–5）。在此基础上，我们把各个箭头的尖端分别用直线连接起来。于是，从本质上来说，正方形这个图形就被复原出来了。

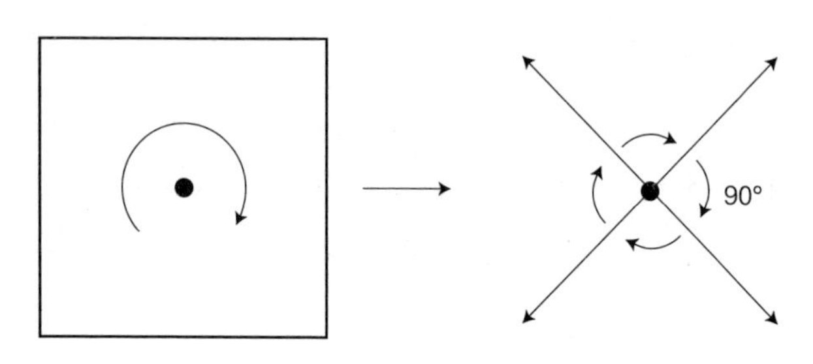

图 6–5　使用 90° 旋转来复原图形

复原游戏

当然，虽然“使用 90° 旋转来复原图形”也算是一种复原，但我们并没有把原来的图形完整地复原出来。比如说，按照“使用 90° 旋转来复原图形”复原出来的那个正方形可能和原来的正方形大小完全不同。新正方形的大小取决于我们最初选择的那个箭头的长度。仅从“90° 旋转的对称性”这个信息出发，我们是完全不知道第一个箭头的长度应该如何调整的。因此，虽然从这个新图形也是“正方形”的意义上来说，我们确实可以说新图形和原来的图形是一样的，但是它们的大小很可能是完全不同的。

更进一步地说，图 6–5 所示的复原图形的方法是把 4 个箭头的尖端用直线连接起来，这样得到的图形虽然确实是我们所希望的正方形，但是仅从“90° 旋转的对称性”这样的信息来看，这么做是没有根据的。因此，我们完全可以采用另外的方法来复原图形，比如（虽然有点儿刻意搞怪）把直线换成波浪形的曲线，再使用“90° 旋转的对称性”，这一次得到的图形就有可能是图 6–6 所显示的那种图形。

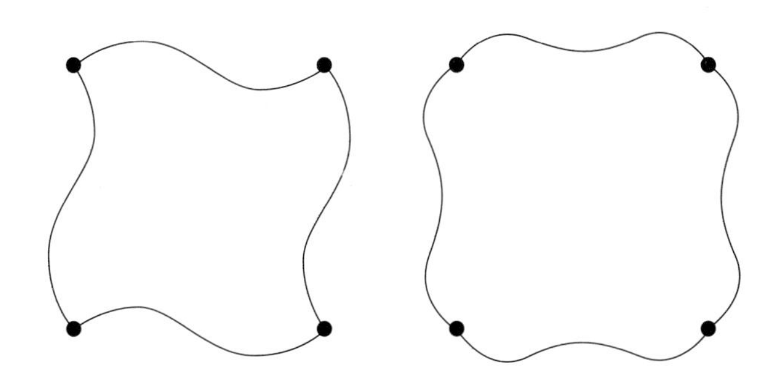

图 6-6　使用 90° 旋转复原出来的图形

因此，仅凭旋转对称性是无法完全复原出正方形的。也就是说，只知道对称性，对于了解“正方形”这个图形来说，信息量实在是有些太少了。但是，对称性确实准确地传达了正方形这个图形的某个侧面的信息，或者说，准确地传达了某种性质。先不管正方形这个图形本身，只要我们能够把它的对称性这个侧面的信息传达出来，对于复原图形来说就是很有意义的。

当然，如果关于对称性的信息再多传达一点儿，复原图形的可能性就会变得更高，从而更加接近原来的正方形。例如，除了旋转，我们还可以加上镜面反射对称性。这样一来，图 6-6 左边的那个图形就会因为加入了“镜面反射对称性”这个新信息而被排除在外。也就是说，随着我们不断增加关于对称性的信息，复原图形的可能性也会逐步提高，从而图形复原的工作也变得更加容易。但是，即使我们同时获得了旋转和镜面反射两方面的对称性信息，仍然无法排除图 6-6 右边的那个图形。这样看来，基于“对称性”这个性质来复原图形并不总是能够完全成功的。但是，在某些情况下这确实是有效的。也就是说，即使我们不可能完整地复原出原来的图形，也可以通过对称性而了解图形相当大一部分的特征，因此，只从对称性这个性质出发，我们就可以对图形进行某种程度的复原。而且，从上面的最后一个例子也可以看出，我们所知道的对称性的种类越多，也就是说，关于对称性这个性质的信息量越多，图形的可能范围就会越狭窄，复原的程度也就越高。

这里的基本原则就是，随着我们所能掌握的对称性种类越来越多，以及对称性的整体复杂性越来越高，对称性为图形复原所能提供的信息量就会越来越多。与之相应的是，复原的工作也会越来越精细。上面我们考虑了正方形的对称性，与正方形相比，正 6 边形具有更多的对称性，因而我们可以认为复原它的不确定性会减少。我们还可以同样来考虑正 8 边形、正 10 边形、正 12 边形、正 20 边形等，随着正多边形的边数的增加，复原的精细程度也会相应增加。它们的极限状态就是圆形。而圆形具有“任意角度的旋转对称性”，我们甚至可以根据这些信息把圆形完整地复原出来。

当然，即使到了这一步，我们还是不知道圆形的大小（或者说半径的数值）。通过对称性来复原图形的时候总会有一定程度的不完整，这是避免不了的事情。但是，在根据对称性来对数学对象进行复原的过程中，对称性的复杂程度会变得非常重要。在第 3 章里我们曾提到过“远阿贝尔几何学”，它的基本理念就在于此。也就是说，如果一个数学对象所具有的对称性从整体上来看距离“阿贝尔”这个性质非常遥远，那么这种对象的复原就是可能的。关于这一点，我们还会在后面的讨论中做出更为详细的说明。

对称性的传递

现在，我们要请大家稍微发挥一下天马行空的想象力，如果上面那种思维方式是可行的，也就是说，使用“对称性”是可以在某种程度上复原出图形这种“物体”的话，那么我们是不是就可以利用这个原理进行通信了呢？想象一下这种可能性。“物体”是无法直接传送的。处于现代社会的我们拥有各种各样的通信手段，借助它们可以传送声音、影像以及其他各种各样的信息。但是，“物体”本身的传送，也就是远距离传物，至今仍然没有实现。因此，物体的传送问题无论如何都只能靠间接的方式来完成。这里，我们想思考的就是其中的一种可能性，即是否可以借助“对称性”的通信来传递“物体”呢？

对称性通信的原理非常简单，请看图 6-7。首先在图的左侧，我们从想要传送的“物体”中分离并提取出它的对称性这个性质。也就是说，我们把物体转换成它的对称性。接着，把这个关于对称性的信息传送到图的右侧。对称性虽然并不是物体，但它是与物体有着密切关联的性质。因此，对称性这个性质是可以通过编码的方式进行传送的。接收到这种对称性信息的一方，现在就可以使用它来复原出原来的“物体”。这样一来，把“物体”从左到右进行传递就成为可能。

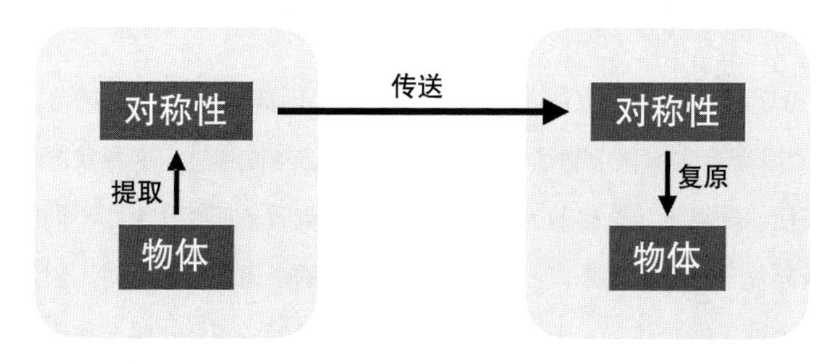

图 6-7　对称性通信的原理

以上就是所谓的“对称性通信”的原理。而 IUT 理论，简单来说，就是要使用上面所说的这种通信方法来构建不同数学舞台之间的关系。前面我们就说过，在不同的舞台之间直接传递“物体”是不可能的，这就好像我们不能和电视画面里的人握手一样。但在 IUT 理论中，我们可以设定多个数学宇宙，并讨论它们之间的关系。正因为如此，才有了“跨视宇”这样的名称。IUT 理论之所以需要多个舞台，是因为它的目标是将“加法和乘法”之间难以拆分的复杂关系，也就是“全纯结构”，分解开来进行讨论，像这样的事情，在以前那种单一的数学舞台中是不可能实现的。因此，在 IUT 理论中，需要首先在这些数量众多的数学舞台之间成体系地确定出哪些是“相同”的、哪些是“不同”的这样一种关系。而为了做到这一点，就有必要在不同的数学舞台之间进行信息交换，使用的方法就是前面所说的“对称性通信”。

说得更具体一点儿。首先，我们把一个数学舞台就理解为普通的数学理论能够在其中展开的一个巨大的统一体。然后，我们还要考虑另一个这样的数学舞台。为了便于理解，我们把其中一个称为“舞台 A”，把另一个称为“舞台 B”。舞台 A 和舞台 B 分别是数学能够在其中“正常”进行的一套环境。

IUT 理论主要考察的是这样一种状况，即舞台 B 嵌套在舞台 A 之中。“嵌套宇宙”这个想法我们在第 5 章中已经提到过。这种状况正是为了使“Θ 纽带”这样的工具能发挥作用，也就是能够让大小不同的拼图板碎片“拼合”起来。不过，出于简单化的考虑，我们暂时不限定这些舞台处于嵌套状态。于是，就可以把下面要做的事情比喻成仿佛是在两个不同宇宙之间进行通信。

现在，我们就来考虑不同的宇宙或者不同的舞台之间的通信问题。

这里，要假设在不同宇宙之间能够相互沟通的数学理论和计算是非常有限的。应该说，做这样的假设也是必然的。之所以如此，是因为如果在舞台 A 和舞台 B 之间什么东西都可以共有的话，那么考察多个舞台就变得毫无意义了。特别是，如果“加法和乘法”在两者之间能够共有的话，那么舞台 A 和舞台 B 就会共有同一个“全纯结构”。这样一来，把“全纯结构”拆解开来各自独立地处理加法和乘法这个我们当初所设想的目标就不可能实现了。为什么呢？因为加法运算和乘法运算如果是处在“一莲托生”那种紧密结合状态下的“全纯结构”之中，那么要想把它们分别进行处理，就会立刻引发各种矛盾。

因此，这两个舞台之间能够共有的东西必须是非常少的。至少，我们通常所进行的大部分计算在不同舞台之间是无法共有的。IUT 理论最初设定的舞台之间的关系就是这样一种非常微妙的关系。也就是说，不同的舞台之间不能有太多共有的东西。但是，如果能够共有的东西实在是太少，那么舞台之间的关系就很难建立起来。而能够巧妙地实现这种微妙的连接的，就是我们在前面介绍过的那个“对称性通信”。

具体来说，情况大概是下面这个样子的。请看一下图 6-8。假设舞台 A 的人想和舞台 B 的人共有舞台 A 中的某个数学对象，比如说一个正三角形。我们不妨假设这个图形本身是无法共有的。在这种情况下，舞台 A 的人把目光转向正三角形的旋转对称性，并把这个信息传达给舞台 B 的人。我们知道正三角形具有在 120° 旋转下的对称性。因此，舞台 A 的人把 120° 旋转下的对称性告诉了舞台 B 的人。接下来，舞台 B 的人就会一边说着“明白明白”，一边就（在某种程度上）复原出了那个正三角形，就是这么一回事。

图 6-8 舞台之间的信息传递

偏差

当然，无论如何，对称性通信还是有局限性的，或者说，是不完整的。因为如果只是根据对称性来复原“物体”的话，那就肯定会留有无法完成的部分。比如说，在上面这个例子中，传递到舞台 B 中的那个“正三角形”完全有可能与舞台 A 的人心目中所想的正三角形是不同的。实际上，大小应该是不一样的，而且边的形状也有可能不是直线，而是波浪形的曲线。所以从这个意义上说，这种通信方法多少会产生一些失真、不匹配或者偏差。实际上，像这样产生的“偏差”在 IUT 理论中是非常重要的。关于这一点，我们还会在后面的讨论中经常提起，请大家先留个印象。

另外，上面我们说到了要在不同的舞台之间传递数学对象的对称性这件事，可能有人会产生这样的疑问：这个所谓的“对称性”本身是一个没有实体的虚无缥缈的东西，那究竟该怎样传递它呢？关于这个问题，我们不妨先把答案摆出来，其实在这里我们所要处理就是“群”这种东西。对称性产生于对象的“运动”和“操作”，要想从概念上完整地理解这件事，群这个概念是不可缺少的。就像上面已经说过的那样，为了展开关于对称性的一般性讨论，数学中使用的就是“群”的概念，而与此相关的理论就是“群论”。

正如“对称性的传递”末尾提到的那样，作为通信结果的“复原”能以多么细致的方式进行，完全取决于通信所传达的那种对称性的复杂程度，这个“复杂程度”是可以用群论中的概念来表达的。在群论中，我们会考虑由全体能够产生对称性的运动和操作所组成的集合，并考察其中所蕴含着的抽象结构。而这种结构的复杂性就能够表达出对称性的整体复杂性。由此可知，既然对称性通信把“从对称性出发进行复原”作为重要的一个步骤，那么它的准确性就要依赖于其所传达的对称性群的结构复杂程度。从这个意义上讲，群论可以在某种程度上定量地或定性地显示出对称性这种信息的复杂程度。

群论当然是一门抽象的学问，但它的基本思想本身并不是很难懂。在第 7 章里，我们将会介绍一些群论方面的入门知识，这也是后面的讨论所必需的。然后在此基础上，我们还要回头思考一下基于对称性的复原、对称性通信的准确性或者由它的不准确性所引起的偏差等问题。

第⑦章 对行为进行计算

向右转!

在本章里，我们要从群的一些简单例子出发，试着了解一下数学中这个称为“群论”的学科。当然，群论本身是一个非常抽象且深奥的学科，所以我们在这里很难展示出它的全貌。但是，对于群论这个学科的基本观点和思考方式，我们倒是可以从基础的层面做一个理解。而且，本书的主要目标是对 IUT 理论做简单易懂的解说，有了上面这种理解，对于本书后面的讨论来说也就足够了。重要的一点是，我们并不是要在这里学习群论里面的各种技术细节，而是要理解它的“基本思想”，比如说，这是一个什么样的学科，它的主要观点是什么，它能够处理什么样的对象，等等。

首先，让我们从群概念的一个非常简单易懂的例子出发展开讨论吧。请看一下图 7-1。这里有 4 幅小男孩的图。下面分别写着“一动不动”、“向右转”、“向后转”和“向左转”。这些图所描绘的就是小男孩在做出这些“行为”之后的结果是一个什么样的状态。最初小男孩是面向前方的状态。从这个状态出发做出“向右转”的行为之后，就会成为那个写着“向右转”的状态。以此类推，其他的也是这样的。

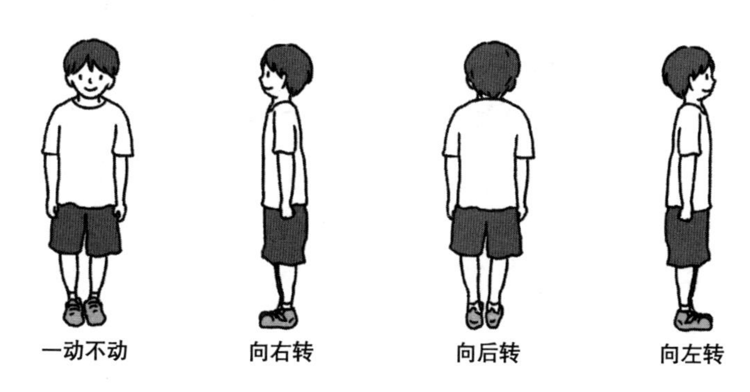

图 7–1　4 种行为

不过在这里，我们把“一动不动”也当作一种行为。因此，如果从最初的状态出发做出“一动不动”的行为之后，就会成为最初那个写着“一动不动”的状态，也就是说，这是和最初的状态完全一样的状态。

请注意，在这里，我们把“行为”和作为其结果的“状态”做了一个十分仔细的区分。对我们来说，最重要的是“行为”。也就是说，我们对“面向右方的状态”或者“面向后方的状态”等并不感兴趣，而只对“一动不动”的行为、“向右转”的行为、“向后转”的行为以及“向左转”的行为这 4 种行为感兴趣。

图 7–1 所示的是从最初的状态（也就是最左边的状态）出发进行了各种行为之后的结果，但这些“作为结果的状态”本身并没有那么大的重要性，我们更关注的是“行为”。图上只描绘了“作为结果的状态”，理由很简单，因为行为本身是无法用静止的画面来描绘的。为了把行为描绘出来，我们就必须使用动画、视频。

在第 6 章里，从“对称性”的角度来考虑，我们非常重视运动或者操作这样的“动作”。在这里依然如此，重要的是“行为”这种“动作本身”，而不是作为其结果的“状态”。当然，这里已经提到了“运动”、“操作”和“行为”这 3 个词，但其实它们在使用上的区分并不是特别重要。由于在这里我们考虑的是小男孩这个主体所引发的运动，所以就使用了“行为”这个词，但这个措辞并没有什么特别的意义。虽然我们接下来常常使用“行为”这个词，但它实际上与“运动”和“操作”的意思是差不多的。

行为的合成

不管怎么说，在这里我们需要思考的就是“一动不动”、“向右转”、“向后转”以及“向左转”这 4 种行为。不考虑作为结果的“状态”，而考虑“行为”本身，这样做的好处在于，两个行为连续进行之后仍然是一个行为。比如说，在进行了“向右转”的行为之后，接着又进行了一次“向右转”的行为。那么结果会是什么样的呢？如果最初的状态是图 7-1 中最左边的那个状态，那么做了一次“向右转”之后，就会变成从左边开始数的第二个状态。接下来，就是要从这个状态出发继续做“向右转”的行为。这时候从最初的状态来看，小男孩已经是面向右方的状态了，并且要从这个状态出发继续做出“向右转”的行为。也就是说，从当时小男孩的角度来看，是向右转的。因此，第二次“向右转”行为的结果就是图 7-1 中从左边数的第三个状态，也就是和从最初的状态出发做出“向后转”的行为之后的结果是同一个状态。

啰啰嗦嗦说了这么多拐弯抹角的话，其实想要说清楚的就是下面这件事。

如果从最初的状态出发连续做两次“向右转”的行为，那就和从最初的状态出发做一次“向后转”的行为所达到的状态是一样的。

这样的表达方式可能比较接近日常的说话方式，但是显得很啰嗦。为什么会显得很啰嗦呢？因为我们在这里把“行为”和“状态”混在一起了。如果只关注“行为”的话，可以简单地表达成下面的样子。

连续进行两次“向右转”（的行为），就和“向后转”（的行为）是一样的。

虽然这个说话方式不太像我们的日常说话方式，但它的意思却是非常简单明了的。也就是说，从行为的角度来看，连续两次“向右转”的行为跟直接“向后转”的行为是一样的。

后面这种不太像日常用语的表达方式实际上从思维的角度来说是更好的[①]。这是因为，它与“最初的状态”没有任何关系。不管最初的状态是怎样的，这个表达本身都是正确的。也就是说，无论从图 7-1 中显示的哪一种状态出发，上面的表达本身都是正确的。为什么这么说呢？因为它与最初的状态是无关的，只是在讨论行为这样一种“动作”。

在这里，我们已经隐约窥见了“群”这个概念的入口。因为当我们说“连续做两次‘向右转’和直接‘向后转’是一样的”这句话的时候，实际上就已经是在进行群的演算了。我们已经是在思考由这 4 种行为（动作）所构成的那个群了。而且，我们已经把“连续进行”当成群中的运算（也就是“行为的合成”）来进行思考了。

再来看一些例子吧。试着连续做两次“向左转”的行为。这样一

① 类似的概念分析在讨论置换群的时候也会出现，比如在置换群中我们会说“把 A 换到 B 的位置”，但其实“位置”并不是我们真正关注的东西，“置换”这个动作才是要点。——译者注

来，就和从最初的状态出发“向后转”以后达到的状态是相同的。用群的演算来说，重复进行两次“向左转”就和“向后转”是一样的。也就是说，连续做两次“向左转”的行为，就和“向后转”的行为是一样的。另外，从面向后方的状态出发，再做一次“向左转”的话，就会变成“向右转”。这也相当于说，重复进行 3 次“向左转”的话，就和“向右转”在行为上是一样的。继续看看。从最初的状态出发“向左转”，然后再来一次“向左转”，这就和“向后转”是一样的。那么，从面向后方的状态出发“向右转”，这就和“向左转”是一样的。从这个状态出发再向右转一次。这样一来就会恢复到最初的状态。总而言之，连续进行“向左转”和“向右转”两个行为的话，就和“一动不动”的行为是一样的。由于“向左转”和“向右转”这两个行为彼此是互逆的关系，所以上面的事说起来也是理所当然的。

对“动作”进行计算

那么接下来，我们想把前面多次出现过的“作为行为是相同的”这件事转化成数学公式来看一看。也就是说，我们要把各种“行为”都转化成符号，然后使用这些符号来表达两个行为是相同的或者不同的这样的意思，就像对数做计算时的那种感觉。

我们已经知道

连续两次“向右转”就等同于“向后转”

这样一个命题。现在我们想把这个命题用简单的数学公式表达出来。可能有人会觉得，这么做到底有什么用呢？其实，这是很有用的。

总之，从感觉上来说，我们能写出下面的公式。

$$(\text{向右转})^2=(\text{向后转})$$

在这里，“向右转”这个行为的“平方”是什么意思呢？它指的就是把这个行为连续进行两次。这样一来，它就和“向后转”的结果是一样的，即它们是同一种行为，所以我们用等号把两者连接起来。

基于同样的思考方法，我们也能写出下面的公式。

$$(\text{向左转})^2=(\text{向后转}),(\text{向后转})^2=(\text{一动不动})$$

第一个公式的推导方法和前面那个公式是完全一样的。第二个公式想要表达的是，如果连续进行两次“向后转”的行为，那就等同于“一动不动”的结果。实际上，向后转一次之后，再从那个状态继续向后转一次，就会回到最初的状态，因而跟一动不动没有任何区别。

就是这样一种做法，我们把“行为”作为对象，把“连续进行”作为它们之间的乘法运算，如此这般地写出来，就得到了某种看起来有意义的公式。我们还可以让它更像一个数学公式。比如把“向右转”这个行为用“u”这个字母来表示。也就是说，我们令

$$u=(\text{向右转})$$

以同样的方法，我们把“一动不动”表示成 e，把“向后转”表示成 h，把“向左转”表示成 z。

使用这几个字母并没有什么特别的理由，仅仅是出于方便。因为如果像这样把每个行为都用一个字母来代表的话，那么上面的公式就会变得非常简短，自然也显得更加清楚。比如说，在使用了这些新符号以

后，之前的那些命题就变成了下面的形式

$$u^2=h,\ z^2=h,\ h^2=e$$

这感觉更像数学公式了。除此之外，我们还能写出很多类似的公式。下面就是一个例子：

$$h\times u=z$$

这里我们使用了一个圆点符号“×”，这只是借用了数的乘法运算中的运算符而已，并没有特别的含义。所以，我们也可以把这个圆点省略，直接写成

$$hu=z$$

这也是可以的。不过最为重要的一点是，这样的写法里包含着对于行为顺序的约定。具体来说是这样的，$h\times u$ 的意思就是“先进行 u 然后进行 h”，也就是先向右转，然后向后转。以下我们就按照这样的顺序来理解上述公式。也就是说,行为的顺序是从右向左依次进行的[①]。如果先向右转，然后在这种状态下继续向后转，那么这个结果就会与从最初的状态直接向左转是一样的。因此我们说 $h\times u$ 等于 z，或者说等同于“向左转”。

在做了这些解释和说明之后，我们所需要的工具就都准备好了。表 7-1 列出了从 4 种行为 e、r、b、l 中任意取出两种来进行组合之后的结

① 读者可能会有这样一个疑问，为什么就一定要按照从右向左的顺序来进行呢？其实这样做也没有什么特别的理由。我们完全可以按照“从左向右”这样的顺序来进行。但是，一旦决定了要采取哪个顺序之后，接下来我们就必须始终如一地贯彻这个规则，不能中途再变更顺序了。

果。左边的表里是两种行为的所有可能的组合。而右边的表里是这两种行为合成以后所得到的结果，分别放在对应的方格之中。读者不妨挑出几个来确认一下。

表 7–1　4 种动作的乘积

ee	er	eb	el
re	rr	rb	rl
be	br	bb	bl
le	lr	lb	ll

=

e	r	b	l
r	b	l	e
b	l	e	r
l	e	r	b

保持“封闭”是什么意思？

从表 7–1 中我们首先可以观察到一件非常重要的事情。那就是从行为的结果来看，这 4 种行为 e、r、b、l 在连续进行下是保持“封闭”的。换句话说，不管以何种方式对这 4 种行为进行组合，最终的结果仍然是这 4 种行为 e、r、b、l 中的一个。这就是我们在这里使用“封闭”这个词想要表达的意思。

实际上，在这 4 种行为的集合上可以建立起“群”的结构，其中的运算就是“行为的连续进行”，也就是行为的合成。而我们刚刚已经确认过的事情是，这个集合在上述运算下是封闭的，此性质只是描述“群”这种结构的第一个步骤。

不管怎么说，现在从这 4 种行为 e、r、b、l 中无论选出哪两种行为，按照任何顺序连续进行之后的结果是什么我们已经完全知道了。那么，我们再来思考一下，如果不是两种行为连续进行，而是 3 种及以上的行为连续进行，结果又是怎样的呢？实际上，在考虑这些问题的时候，我们已经不再需要引入新的工具了。比如，看一下“向右转”这种行为连续进行 3 次会怎么样的问题，只要想象一下现实世界中小男孩的动作，马上就会明白这和“向左转”的行为是一样的。然而，这个结果也是能够通过“计算”而得到的。首先进行两次 r（“向右转”），查一下表 7-1 就能知道结果是 b。然后进行一次 r，这就相当于要计算 rb，再查一下表 7-1，就知道最终的结果是 l，也就是“向左转”。其他问题的计算过程也是一样的。例如，我们想知道连续进行“向左转→向后转→向右转”之后的结果与哪个行为是一样的，当然可以通过考虑小男孩的实际动作来得出结果，但也可以像下面这样来计算。

$$rbr=rr=b$$

由此我们得知[①]，答案是 b，也就是“向后转”。这里，我们所谈论的就是 e、r、b、l 这 4 种行为构成了“群”这样一种结构。像这样对于由某些行为或者动作所组成的集合来说，如果它们在“连续进行”的运算规则下是封闭的，并且满足某些适当的条件，那么我们可以只通过形式上的演算，就把行为或者动作任意组合之后的结果计算出来。

在上面这个例子中，我们只考虑了小男孩的几种比较简单的动作，所以即使不做什么计算，只要想象一下小男孩的实际动作，很快就能知道答案是什么。所以，从这里我们很难看出这样一种形式上的计算会有

---

① 这里，我们首先计算了“向左转、向后转、向右转”中的前两个“向左转、向后转”相乘的结果，得到了“向右转”这个答案之后，再把它与“向右转”相乘，就是这样的计算顺序。不过，我们也可以从“向左转、向后转、向右转”中的后面两个“向后转、向右转”开始计算，得到结果后再与“向左转”相乘，这是另一种计算方法。如果这样计算的话，首先是“向后转、向右转”连起来做，就变成了“向左转”，在这个动作之前再加上一个“向左转”，就变成了“向左转、向左转”，最终结果就跟做一次“向后转”是一样的。像这样无论选择从哪一部分开始计算，结果都是相同的，这种情况我们就说运算满足“结合律”。

什么好处。但是，如果所要考虑的行为或者动作非常多，那么这个集合的结构就会变得极其复杂，这时候与具体想象现实中的动作相比，通过纸面上的形式计算来得到答案的方法就具有无法估量的便利性。像这样对于一个由行为或者动作所组成的集合来说，不管它的结构是简单还是复杂，都能通过简单的符号来对其进行形式计算，这正是“群论”这个数学领域的强大之处。

符号计算

“群”这种东西，大致上可以理解为就是前面所说的那种“行为或者动作的集合”，这么说至少会觉得比较简单易懂。在这里，我们要稍微啰嗦几句，请大家注意一下，这里的重点并不是要考察行为或者动作完成之后的状态（“向右转后的状态”等），而是要考察行为本身（“向右转”等）。正因为如此，我们才可以把两种行为连续进行这件事解释成行为和行为的合成这样一种运算。

而且，说到“群”这个结构，那就不仅是一些行为或者动作的集合，对于刚才所说的“连续进行”或者行为的合成这种运算来说，它还必须是封闭的。也就是说，把这个集合中的任意两种行为合成以后而得到的那种行为也必须落在这个集合之中。实际上，要想让一个集合成为“群”，仅仅满足这些条件是不够的，还必须满足另外几个条件，这其中最重要的是下面两个条件。

· 该集合必须包含“一动不动”这种行为。

· 对于该集合中的任何一种行为，与之相反的行为也必须落在该集合中。

这里提到了“相反的行为”这个词，它的意思就像是“向右转”和“向左转”相反一样，把这两种行为合成以后就成了“一动不动”这种行为。对于一种行为来说，与之相反的行为有时也可能就是它本身。例如，在上面所考察的小男孩的动作这个群中，“向后转”这种行为本身就是与自己相反的。实际上，连续两次“向后转”之后就会变成“一动不动”。

关于“小男孩的动作”这个群，虽然上面我们已经说了很多了，但还有一些值得讨论的地方。这个群可以写成

$$G = \{e, r, b, l\}$$

它是由 4 种行为组成的。我们注意到，把 r 合成两次可以得到 b，把 r 合成 3 次可以得到 l。也就是说，r^2 就等于 b，而 r^3 就等于 l。所以我们看到，为了写出这个群，其实完全不需要使用 b 和 l 这两个符号。那么 r^4 会是怎样的呢？很容易看出，它就等于 e（一动不动）。

我们选择 b 和 l 这样一些符号并不是完全随机的，例如，b 是使用了“后”(*back*) 这个字的拼音中的第一个字母，用来提示“向后转”这样的意思。从这个角度来说，它们也是必要的。但是，如果抛开这些“意思”，只关注符号之间的形式计算的话，b 是“向后转”、l 是“向左转”之类的“解释”有时候反而很碍事。我们不妨暂时忘记这种现实含义上的解释，只从抽象的角度来关注这个群的形式结构。这样一来，这些符号之间的关系才是唯一重要的事情，至于它们表达了什么样的意思，根本不需要特别留意。

实际上，e 这个符号本质上也是不需要的。因为我们只要把 r 合成 4 次就能得到 e。不过，与“一动不动”相对应的这个元素 e 还是有一些

特殊含义的[1]。所以为了明确起见，我们最好还是保留这个符号，这会带来很多方便。

不管怎么说，为了理解 G 这样一个群，我们只要知道 r 这个元素就足够了。因为所有的元素都可以写成“r^n”的形式。具体来说，如下。

· 如果 n 是 4 的倍数，那么 u^n 就是 e。

· 如果 n 除以 4 余 1，那么 u^n 就是 r。

· 如果 n 除以 4 余 2，那么 u^n 就是 b。

· 如果 n 除以 4 余 3，那么 u^n 就是 l。

像这样从一个元素出发，通过一次一次合成，就能得到所有元素的群，我们就称之为“循环群”（cyclic group）。

符号化的好处

想要理解群这样一种东西，一个有效的方法是，就像前面所做的那样，先从小男孩的动作这种具体的例子出发来思考那些包含具体行为的集合。但是，我们在前面已经说过，当我们对一个群的基本情况已经有了相当程度的了解以后，原本所依据的那种“向右转”“向后转”之类的具体解释反而常常会成为进一步理解的障碍。

也就是说，在我们对一个群里的各元素之间的计算有了一定程度的了解之后，就应该忘记最初的那种具体解释，单纯地关注符号和符号之间的形式演算，只考虑计算上的问题，这样做才是比较方便的。而且，像这样专心考察从符号和符号之间的形式计算来产生新符号的过程，反而更有助于把握群的结构。例如，在前面那个群中，我们忘掉了 b 具有

① 我们一般把它称为单位元。

“向后转”这样的解释，只把它单纯地理解为 r^2，这样就看清楚了这个群是由单个元素 r 所生成的。也就是说，这个群是一个循环群。

这种思考方法有多方面的好处。首先一点是，我们可以把通过形式上的符号计算得到的结果放回最初的具体状况下进行解释。例如，把 $r^3=l$ 这个形式计算的结果放到原来的场景中来解释的话，它就意味着“连续 3 次向右转之后，就和向左转是一样的”。对于这个例子所描述的这种简单情况来说，也许你会觉得，像上面那样把形式上的计算结果和现实状况进行对照理解的做法，有点儿画蛇添足的味道。但是，如果现实情况比这复杂得多，那么通过实际操作和思考来获得结果就会变得异常困难，而像上面那样先进行形式上的符号计算然后对结果做出解释的方法，绝对会更为迅速地得出结论。从这个意义上来说，上述思考方法其实是非常方便的。

另一个好处是，我们可以对计算结果进行各种不同的“解释”。事实上，虽然我们最初是从“小男孩的动作”出发，由 4 种行为组成了上面的群 G，但对于 G 的解释方法可以有很多种，绝不是只能应用到“小男孩的动作”这样的场合。也就是说，G 实际上表达了在很多具体例子中都会出现的一种“共同结构”。因此，我们并不需要对每一个具体情况都进行思考，而只需要盯住 G，设法弄清它的结构，就能从本质上理解所有这些具体例子中的情况。这可以算是一种非常强大的思维方式了，因为它为我们节省了大量的脑力劳动。

例如，群 G 除了可以解释成“小男孩的动作”之外，还可以解释成第 6 章里所说的“正方形的对称性”群。让我们回到图 6-3。在该图的上半部分，我们看到了“把正方形顺时针旋转 90°”这个动作，现在把它用符号“σ”[1] 来表示。于是正方形的那些由旋转所产生的对称性就都可以用 σ 的各种组合表达出来。实际上，正方形的旋转对称性就是由旋转 0°、90°、180°、270° 所得出的，共 4 种旋转。

- 0° 旋转当然就是“一动不动”。
- 90° 旋转是 σ。
- 180° 旋转是 σ^2，也就是 σ 合成两次。
- 270° 旋转是 σ^3，也就是 σ 合成 3 次。

最后，σ^4 又回到了“一动不动”。因此，用这种方式得到的群和上面所考虑的那个群 G 本质上是相同的，只是在符号的使用方法上略有不同而已。反过来，我们也可以说，这意味着由“小男孩的动作”所构成的这个群 G 也可以重新解释成正方形的（旋转）对称性群，后者从表面上看和前一种情况完全不同。

由此看来，群这种东西虽然最初是被当成一些运动、操作或者行为的集合来考虑的，但是，一旦我们把它作为符号的系统表达出来以后，就可以在形式上完成各种各样的计算，这就使群的概念成为一种非常方便的思考方式。而且，由于它具有涵容多种解释的巨大通用性，所以能够应用到各种各样的具体情况中。

顺便说一句，通过将日常生活中的具体事情还原为形式上的符号运算，从而大幅简化思考的做法，绝对不是从群概念这里才开始的。我们甚至可以在非常贴近日常生活的地方找到典型的例子，那就是“数”的概念。数能够用来表示物品的重量、大小和价格等，可一旦我们把“数”当成形式上的符号，那就可以对它进行形式上的计算，并因此得

---

① 这个希腊字母的读音是“sigma”。

到各种各样的信息。

举个例子，我们去超市会买各种各样的东西，但是在收银台那里，只需要考虑各个东西的价格这样一些“数”，并由此得到总金额这个“数”，而这跟具体买了什么东西并没有什么关系，只通过数的计算就能获得所需的结果。而且，“数”这个概念不仅能够用来表示大小、重量、价格等，还拥有极其多样性的“解释”方式。从这个意义上来说，我们在上面所做的那些事情，即把“行为”和“运动”的结构讨论简化为形式上的计算问题，跟把数量关系简化为“数”这种符号的演算问题是非常相似的。这么说起来，事情好像也没有什么大不了的，但是，这样一种形式化和抽象化的做法所带来的好处是极其巨大的。它大大地简化了思考的过程，而且可以应用到很多具体问题上。

对称性所形成的群

必须指出，对于正方形，除了旋转之外，还有另外一种对称性，那就是镜面反射。我们再来看一下图6-3。所谓镜面反射，就是该图的下半部分所描绘的那种运动所产生的对称性。而且，就像那里所说的那样，这种运动是无法通过反复进行旋转而得到的。也就是说，即使让刚才那个σ和自己相乘无数次，也得不到这样的结果。所以，我们要为它引入一个新的符号，就用“τ”吧[①]。

关于这个新元素τ，从正方形的对称性这个具体的例子来看，我们能知道些什么呢？首先，如果让它连续进行两次，那就一定会回到“一动不动”的状态。实际上，“镜面反射”就是“镜子内外的翻转”，所以

---

① 这个希腊字母的读音是“tau”。

重复两次之后，就会回到原来的样子。和前面一样，我们把“一动不动”这个元素仍然写成 e。这样一来，我们就能写出 $\tau^2=e$ 这样的公式。

除此之外，我们还能了解到哪些信息呢？这里，我们就必须要考察一下比如 $\sigma\tau$ 之类的操作，也就是把旋转 σ 和镜面反射 τ 混合在一起而产生的运动。例如，$\sigma\tau$ 表示“先施行 τ，再施行 σ”的意思，也就是首先沿着纵向轴线进行翻转，然后以重心为中心顺时针旋转 90°。不妨在脑海里简单思索一下。这会是怎样的运动呢？

图 7-2 就演示了这个操作的具体实现过程。和之前的思考方法一样，我们可以在正方形的各个顶点上依次贴上 A、B、C、D 的标签，然后逐个去追踪每个顶点分别“跑”到了哪里。这样一来，我们就能很容易地看出实际的运动情况。图 7-2 的最右边给出的就是运动之后的正方形的状态。与最初的正方形状态（见图 7-2 的最左边）相比，它到底经历了哪些变化呢？

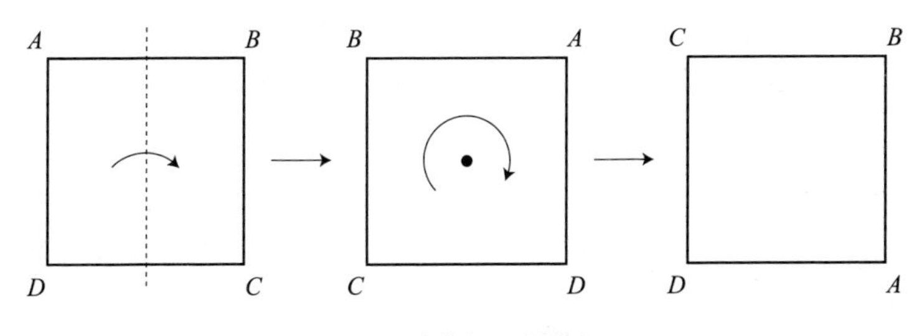

图 7-2　先施行 τ，再施行 σ

观察一下图 7-2 中最右边的那个正方形上的标签，我们就会发现下面这些变化。首先，右上角的标签 B 与它原来的位置是相同的。同样，左下角的标签 D 与它原来的位置相比也没有发生变化。其他的标签又是怎样的呢？仔细观察就会发现，原本 A 所在的位置现在变成了 C，而原本 C 所在的位置现在变成了 A。

因此，最后的结果就是 B 和 D 停留在原地，而 A 和 C 的位置则发生了对调，就是这样一种情况。从这里我们不难想象出可以得到这个结果的那种正方形的“运动”。实际上，这和把最初的正方形“以穿过顶点 B 和顶点 D 的对角线为轴线进行镜面反射（翻转）”所产生的效果是一样的。因此我们可以说，$\sigma\tau$ 也是一种镜面反射。

特别地，从这个描述马上可以看出，如果连续进行两次 $\sigma\tau$ 的话，就会变成 e（一动不动），这一点是非常重要的。因为很重要，所以不妨把它写成公式：

$$\sigma\tau\sigma\tau=e$$

从这里开始，让我们忘记正方形的对称性这个具体的背景，只通过形式上的计算来完成后续的推演。首先，在上述公式的两边分别从右边乘上 τ。由于两个 τ 相乘的结果就是 e，而 e 表示的就是“一动不动”，所以没有必要写出来，于是计算的结果就是下面的形式：

$$\sigma\tau\sigma=\tau$$

接下来，在这个式子的两边从左边乘上 σ^3。而且，σ^3 也可以写成 σ^{-1}。这是因为 σ^3 是 σ 的逆元素。也就是说，它们两个相乘之后就变成了 e。所以，我们又得到了下面的的公式：

$$\tau\sigma=\sigma^{-1}\tau$$

这是一个很有意思的公式。比如，我们回到前面那个正方形运动的解释方法来看一看，现在“$\tau\sigma$”表示“顺时针旋转 90°，然后沿着纵向轴线进行翻转”的运动，而“$\sigma^{-1}\tau$”则表示“沿着纵向轴线进行翻转，然后逆时针旋转 90°”的运动。于是，上面这个公式告诉我们，这两种运动的结果是一样的。

图 7-3 所示就是对这件事进行的实际验证。它的上半部分演示了“顺时针旋转 90°，然后沿着纵向轴线进行翻转”的运动，而它的下半部分则演示了“沿着纵向轴线进行翻转，然后逆时针旋转 90°”的运动。请注意这两种运动的结果是一样的。想要在头脑中想象出这两种合成运动的结果是相同的，这恐怕是相当困难的。但是，上面所进行的形式计算表明，我们仅仅通过计算这样一种例行公事的程序就可以得出结果。群论计算的厉害之处由此可见一斑。

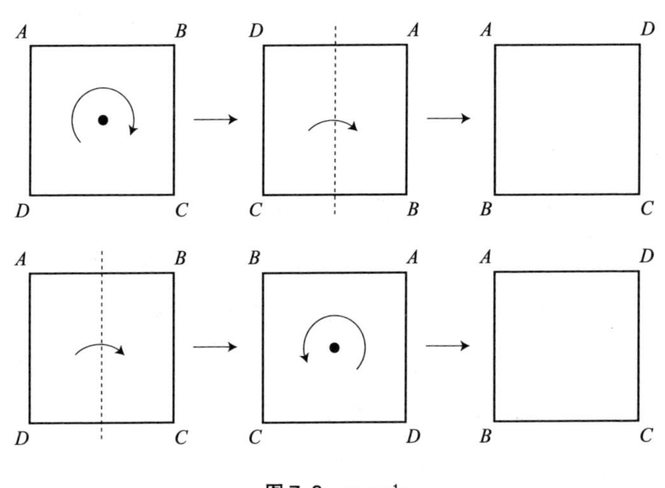

图 7-3 $\tau\sigma=\sigma^{-1}\tau$

按照这样的公式继续计算下去，我们就会发现所有能够产生正方形

对称性的运动刚好可表示为

$$e, \sigma, \sigma^2, \sigma^3, \tau, \tau\sigma, \tau\sigma^2, \tau\sigma^3$$

这 8 个，它们构成了正方形的“对称性群”。其中前 4 个表示旋转，后 4 个表示镜面反射。至于这些镜面反射分别是沿着哪条轴线翻转的，只要像前面说的那样具体移动一下正方形就能明白。感兴趣的读者可以稍微想一想。

阿贝尔、非阿贝尔、远阿贝尔

通过前面的分析我们已经得到了群的两个例子。一个是从“小男孩的动作”中抽象出来的群，它是由 e、u、h、z 这 4 个元素组成的。但实际上，只要让 u 不断地和自己相乘，就能产生出所有的元素，这种类型的群称为循环群。从现在开始，我们将使用 Z_4 这个符号来表示这个群。

另一个是从“正方形的对称性”中抽象出来的群，它是由 4 个旋转和 4 个镜面反射共 8 个元素组成的。把其中的 4 个旋转单独取出来也可以构成一个群，它和 Z_4 的解释方法不同，但是形式上的结构是完全一样的。下面，我们将用 D_4 这个符号来表示正方形的对称性群。

实际上，上面两个群在群论中的某个很重要的性质上是有所不同的，那就是“Z_4 是可交换的，而 D_4 是不可交换的”。

所谓 Z_4 是“可交换”的，是指下面这个意思。任意取出 Z_4 中的两个元素，比如说 u 和 h。它们相乘的方式有两种，一种是 uh，另一种是 hu。无论采用哪种方式，所得到的结果是一样的，那就是 z。

像这样，考虑任意两个元素相乘的情况，如果不管相乘的方式如何，结果都是一样的，我们就说这个群是“可交换”的。“可交换”的意思就是“乘法能够交换”。这就意味着即使我们把元素相乘的顺序交换一下，结果也不会改变。通常把可交换的群称为“交换群”或者“阿贝尔群”。这里的阿贝尔是一个人名，取自 19 世纪初期的一个名叫尼尔斯·亨里克·阿贝尔的人的名字。他在考察代数方程的求解问题的时候，把上述这个性质用在了他的论证过程中。

尼尔斯·亨里克·阿贝尔

Niels Henrik Abel

（1802—1829）

说起来，Z_4 是可交换的这件事可以从它是循环群上立即看出来。实际上，Z_4 中的任意元素都是 u^n（将 u 自乘 n 次后的结果）的形式。因此，这种形式的两个元素 u^n 和 u^m 相乘的结果，不管顺序如何，都等于 u^{n+m}。关键在于，因为“u 进行 n 次”和“u 进行 m 次”是连续进行的，所以不管先做哪一个，结果都是“u 进行 $n+m$ 次”，这是相当明显的。

但是，另一个群 D_4 实际上并不是可交换的。比如说，$\tau\sigma$ 和 $\sigma\tau$ 就是不同的。这可以通过具体的操作进行确认，就像图 7-4 所显示的那样。观察一下该图最右边的两个正方形，就会发现标签的排列方式是不同的。也就是说，先进行 σ（顺时针旋转 90°）再进行 τ（沿纵向轴线翻转）和先进行 τ 再进行 σ 的结果是不同的。因此，这两种乘积作为群的元素也必然是不一样的。

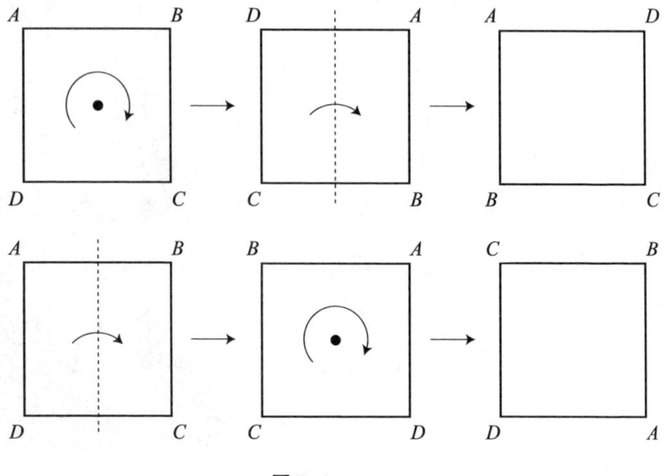

图 7–4 $\tau\sigma \neq \sigma\tau$

这样一来，我们就知道了 D_4（正方形的对称性群）不是交换群。当然，从群的结构复杂性的角度来看，不可交换的群肯定比交换群更为复杂，这是不言而喻的。因此，与 Z_4 相比，D_4 不仅仅是元素个数比前者多，而且在结构上有着本质上的复杂性。

在第 6 章我们曾说过，“对称性通信的准确性取决于所传递的对称性群的结构复杂性”，这里提到的“结构复杂性”这个问题，刚好在上面的讨论中出现了。在第 6 章里，我们考虑了只借助对称性方面的信息对正方形这个图形进行通信和复原的问题，在那里已经明确看到，与只传递旋转群 Z_4 的信息相比，把整个 D_4 的信息都传递出去的话，更有可能复原出较为正确的图形。实际上，如果只考虑旋转对称性的话，就不能排除图 6–6 左侧所示的那种复原图形，但如果使用包括镜面反射在内的整个对称性群 D_4，就能把它排除。像这样，对称性的种类越多，整体上越复杂，通信的准确性就越高。而且，随着对称性种类的增加，以及整体上复杂程度的提高，所考虑的群就越来越倾向于远离可交换的性质，而且它的结构也会越来越复杂。

在第 3 章里，我们简单介绍了一些关于“远阿贝尔几何学”的内容。在那里曾经说到，这个理论要考察的问题是，对于算术几何学或代数几何学中出现的某一类对象（比如概形或者多样体这一类的东西），希望能够只从它的对称性出发来进行复原，而且为了能够获得正确的复原对象，就必须要求它的对称性群是“充分丰富且复杂”的。那么这种“充分丰富且复杂”的结构，就被冠以“远阿贝尔”这样的名称，它的意思就是，这种结构与“阿贝尔”这个性质（也就是具有可交换性）之间的距离是非常“遥远”的。在这种情况下，我们把对称性群的信息传递给另一方，接收到这个信息的那一方就能够以此为基础来复原出原来的对象。这种“对称性通信”在很大程度上是行之有效的。

置换字符的游戏

在数学中，围绕着群的概念有各种各样的话题，很多话题都能让人感到兴趣无穷。而且，其中的很多内容就和我们在前面所看到的那样，并不需要使用多么高深的技术就能充分展现它的魅力。所以，让我们针对“群”这个有趣的数学对象再进行一些更深入的讨论吧。而且，这样一来，对于 IUT 理论中为什么要使用对称性的媒介来实现“跨视宇通信”这个问题，多少也能得到某种程度的解答。

首先来考察一下上面已经提到过的“正方形的对称性群”D_4。就像我们已经多次看到的那样，这个群里的元素是正方形的两种运动，一种是旋转，一种是镜面反射。顺便补充一句，我们也可以用前面一直使用的那个方法来描述这些能够产生对称性的运动。也就是说，在正方形的 4 个顶点处分别贴上 A、B、C、D 的标签，然后用这些标签的相对位置的变化来描述它们。

我们来实际做一下看看。首先考虑 σ（顺时针旋转 90°）。从图 6-3 的上半部分就可以直接看出标签的相对位置的变化。具体来说，经过这样的旋转，原本按照（以顺时针方向来看）$ABCD$ 的顺序排列着的标签现在变成了 $DABC$ 的顺序。也就是说，D 来到了 A 所在的位置，A 来到了 B 所在的位置，B 来到了 C 所在的位置，而 C 来到了 D 所在的位置，这就是各个标签的相对位置的变化情况。

如果不考虑字符的具体取法，我们也可以把这个置换表达成下面的形式。从字符串的左边开始算起，σ 就是：

- 把第一个字符换到第二个字符的位置（即把 A 放在 B 原来所在的位置）；
- 把第二个字符换到第 3 个字符的位置（即把 B 放在 C 原来所在的位置）；
- 把第 3 个字符换到第 4 个字符的位置（即把 C 放在 D 原来所在的位置）；
- 把第 4 个字符换到第一个字符的位置（即把 D 放在 A 原来所在的位置）。

通过对各个字符的重新分布，我们就完成了字符串的置换[①]。反过来，我们可以很明显地看出，纯粹从标签字符串的变化情况来观察，能够产生上面那种置换的正方形运动只能是 σ（顺时针旋转 90°）这一种

---

① “把 A 换到 B 的位置”这句话的另一种说法是“把 B 置换为 A”（也就是把 B 的位置让给 A）。——译者注

运动。因此，我们可以把“正方形的旋转”这个具体的背景完全抛在脑后，单纯地把它当成“字符的置换”，并且就用上面那种置换“行为”来解释 σ。

同样，τ 也可以用“字符的置换”表达出来。从图 6-3 的下半部分来看，这可以解释为“把 $ABCD$ 置换成 $BADC$ 的行为”。也就是说：

· 把第一个字符换到第二个字符的位置；

· 把第二个字符换到第一个字符的位置；

· 把第三个字符换到第四个字符的位置；

· 把第四个字符换到第三个字符的位置。

τ 就是这样一种对于字符的重新分布。

就像前面说过的，群这样一种数学对象，既拥有通过形式上的符号计算而得出各种结果的这个“形式性、抽象性”的侧面（而且应该说，正是因为有了这样的侧面），又拥有多种多样的解释方法和表现形式。现在，我们正在通过“A、B、C、D 的字符置换”来表达 D_4 这个群。对于这样的表达方式来说，此前所说过的那些计算也可以重新得到确认，并给出适当的解释。

举例来说，如果我们让 σ 连续进行两次，结果会是怎样的呢？σ 是把第一个字符换到第二个字符的位置，把第二个字符换到第三个字符的位置。因此，σ 连续进行两次的 σ^2 就是把第一个字符换到了第三个字符的位置。基于同样的思考方法，我们看到 σ^2 意味着：

· 把第一个字符换到第三个字符的位置；

· 把第二个字符换到第四个字符的位置；

· 把第三个字符换到第一个字符的位置；

· 把第 4 个字符换到第二个字符的位置。

这样一种重新分布。因此，把它应用到 $ABCD$ 上，结果就是 $CDAB$。如果再一次应用与 σ 相同的字符置换，结果就会变成 $BCDA$，这是与 σ^3 相对应的字符串。继续进行一次相同的字符置换，结果又会变成 $ABCD$，也就是说，回到了原来的状态。这件事当然就意味着，如果我们让 σ 连续进行 4 次，那就会变成 e（一动不动）。

不管怎样，我们都可以通过这种方式把 D_4 中的所有元素所对应的字符串（A、B、C、D 的排列）写出来。结果就是下面的方框“D_4 中的元素所对应的排列”里所展示的那样。

$e \leftrightarrow (ABCD)$	$\sigma \leftrightarrow (DABC)$	$\sigma^2 \leftrightarrow (CDAB)$	$\sigma^3 \leftrightarrow (BCDA)$
$\tau \leftrightarrow (BADC)$	$\tau\sigma \leftrightarrow (ADCB)$	$\tau\sigma^2 \leftrightarrow (DCBA)$	$\tau\sigma^3 \leftrightarrow (CBAD)$

D_4 中的元素所对应的排列

对称群

“把第几个字符换到第几个字符的位置”这样的操作也可以通过图来展现，看起来会非常简单易懂。例如，对于 σ，我们就可以用下面这个图来表示。

$$\begin{array}{ccccc} & 1 & 2 & 3 & 4 \\ \sigma & \downarrow & \downarrow & \downarrow & \downarrow \\ & 2 & 3 & 4 & 1 \end{array}$$

它的意思当然是说，σ 表示把第一个字符换到第二个字符的位置，把第二个字符换到第 3 个字符的位置，等等。

如果我们用同样的方式来表达 τ，就得到下面这个图。

$$\begin{array}{ccccc} & 1 & 2 & 3 & 4 \\ \tau & \downarrow & \downarrow & \downarrow & \downarrow \\ & 2 & 1 & 4 & 3 \end{array}$$

这个写法十分方便。实际上，这样做可以使我们更加直观地看到字符的替换方式。例如，为了计算 $\tau\sigma$，我们只要像下面这样操作就可以了。

$$\begin{array}{ccccc} & 1 & 2 & 3 & 4 \\ \sigma & \downarrow & \downarrow & \downarrow & \downarrow \\ & 2 & 3 & 4 & 1 \\ \tau & \downarrow & \downarrow & \downarrow & \downarrow \\ & 1 & 4 & 3 & 2 \end{array}$$

在上半部分使用 σ，在下半部分使用 τ。于是，我们看到 $\tau\sigma$ 这个元素就对应着下面的图。

$$\begin{array}{ccccc} & 1 & 2 & 3 & 4 \\ \tau\sigma & \downarrow & \downarrow & \downarrow & \downarrow \\ & 1 & 4 & 3 & 2 \end{array}$$

顺便指出，在使用这样的写法时，最重要的一点就是，我们只需要知道每个数通过箭头连接到了哪个数就足够了。因此，为了把“字符的置换”表达出来，我们其实并不需要画出那些箭头。例如要表达 σ 的话，只要写出

$$\begin{pmatrix} 1\,2\,3\,4 \\ 2\,3\,4\,1 \end{pmatrix}$$

这样的符号就足够了[①]。在这种简略写法之中，上面一行的各个数分别与它下方的那个数建立连接。也就是说，我们要把 σ 所产生的字符置换理解为这样的操作，它把第一个字符换到了第二个字符的位置，把第二个字符换到了第 3 个字符的位置，等等。我们可以用这个写法把每个元素表达出来，参看下面的方框“D_4 中的元素表达成置换的样子”。在这种写法里，下一行数就是上一行数的重新排列。

$$e \leftrightarrow \begin{pmatrix} 1\,2\,3\,4 \\ 1\,2\,3\,4 \end{pmatrix} \quad \sigma \leftrightarrow \begin{pmatrix} 1\,2\,3\,4 \\ 2\,3\,4\,1 \end{pmatrix} \quad \sigma^2 \leftrightarrow \begin{pmatrix} 1\,2\,3\,4 \\ 3\,4\,1\,2 \end{pmatrix} \quad \sigma^3 \leftrightarrow \begin{pmatrix} 1\,2\,3\,4 \\ 4\,1\,2\,3 \end{pmatrix}$$

$$\tau \leftrightarrow \begin{pmatrix} 1\,2\,3\,4 \\ 2\,1\,4\,3 \end{pmatrix} \quad \tau\sigma \leftrightarrow \begin{pmatrix} 1\,2\,3\,4 \\ 1\,4\,3\,2 \end{pmatrix} \quad \tau\sigma^2 \leftrightarrow \begin{pmatrix} 1\,2\,3\,4 \\ 4\,3\,2\,1 \end{pmatrix} \quad \tau\sigma^3 \leftrightarrow \begin{pmatrix} 1\,2\,3\,4 \\ 3\,2\,1\,4 \end{pmatrix}$$

D_4 中的元素表达成置换的样子

那么，1、2、3、4 这 4 个数的排列方式有多少种呢？这个问题在高中数学里就已经出现过了，很多读者应该都还记得。答案就是 24 种。首先选择第一个数。因为是从 1、2、3、4 中来选择的，所以就有 4 种选择。然后选择第二个数。这时要从 4 个数中除去已经选好的那个数，因而是从 3 个数中选择的，所以就有 3 种选择。第三个数的又是从剩下的两个数中选择的，所以就有 2 种选择。最后，第四个数要从剩下的那个数里选，所以只有 1 种选择。综上所述，所有可能的选择方法是：

$$4\times3\times2\times1=24$$

① 还记得上面说过，σ 表示把字符串 $ABCD$ 置换成了 $DABC$，而不是 $BCDA$。请留意这两种表达方法的差异之处。——译者注

也就是说，共有 24 种。

一般来说，n 个字符的排列方式也能用同样的方法来得到，那就是

$$n\times(n-1)\times\cdots\times3\times2\times1$$

这么多个。我们把这个数称为“n 的阶乘”，记作“$n!$”。这件事估计很多人都是知道的。

总而言之，1、2、3、4 这 4 个数的排列方式共有 24 种。在前面的讨论中，我们从正方形的对称性出发得到了一个包含 8 个元素的群，然后又把它们用 1、2、3、4 这些数的排列方式表达出来，从而得到了 8 个置换。而且，我们也曾说过，如果纯粹考虑群的结构的话，那就可以忘掉“正方形的对称性”这样的来源。根据这个思路，我们就可以不拘泥于正方形的对称性这个出发点，把全部 24 个排列方式都拿来做成一个群，其中出现的就是 1、2、3、4 的各种置换。比如说

$$\begin{pmatrix}1&2&3&4\\2&3&1&4\end{pmatrix}$$

就是这样一个置换，但是这个置换不能与 D_4 中的那 8 个元素里的任何一个相对应。也就是说，这个置换是不可能通过正方形的旋转和镜面反射实现的。

我们把由所有 24 个置换组成的群称为“4 次对称群”[①]，并且用符号“S_4”来表示。

---

① 群的“次数”这个古典概念来自方程理论。简单来说，如果一个群是某个 n 次方程的伽罗瓦群，那么我们就可以说这个群的次数是 n。对称群 S_4 是 4 次一般方程的伽罗瓦群，因而 S_4 的次数是 4。——译者注

抽象群

通过“对称群”中的讨论，我们得到了这样 3 个群：

· Z_4——阶数为 4 的循环群（4）；

· D_4——4 次二面体群（8）；

· S_4——4 次对称群（24）。

圆括号中的数是指各个群的元素个数。Z_4 是阿贝尔群（交换群），而且通过一个元素的自乘就能得到所有的元素，因而它是结构非常简单的群。D_4 就没有那么简单了。它不再是阿贝尔群，而且如果要构造出它的所有元素，那就至少需要使用两个元素（比如 σ 和 τ）。S_4 的结构就更加复杂了。当然，它也不是可交换的。

群论中的一个重要观念就是（这也是它的精髓所在），这些群并不是只能用来表达如正方形之类的图形的对称性，它们还能够用来表达字符的置换、小男孩的动作等极其多样的运动和操作。群的概念所关注的是抽象化以后的那个底层结构，该结构是不依赖于上述具体表达方式和解释的。正因为它的这种抽象性，以及用形式化的符号演算就能进行描述这样的特性，才使得它有多种多样的应用，且远远超出了我们的预期。

例如，S_4 这个群可以用 4 个字符的置换这样一种“操作”来解释，这个解释当然是最容易理解的。但是，我们也可以把 S_4 解释成另外一种表面上完全不同的群。比如说，把它解释成由立方体的旋转对称性所构成的群。感兴趣的读者可以试着思考一下立方体的各种旋转方式。这个群中（当然要把“一动不动”也计算在内）共有 24 种方式。而且，只要我们观察一下立方体的 4 条对角线在旋转时的运动情况，就能够得到

S_4，就像我们观察正方形在旋转时 4 个顶点的运动而得到 Z_4 那样。

以上我们主要考察了 3 个具体的群，可以作为群论这个理论的入口。当然，群这种东西可不是只有这些。世界上有着种类异常繁多的群，而且每个群都有各自的深层次结构。想把它们全都做个介绍是不可能的，不过，我们还是可以在这里补充说明一点。实际上，第 2 章里提到过的“椭圆曲线”也是一个群。还记得在第 2 章介绍椭圆曲线的时候，我们说过它是以所谓“椭圆曲线密码”的形式出现在我们的日常生活中的吗？事实上，这套密码技术使用的正是椭圆曲线的群结构。因此，和椭圆曲线一样，群这种东西虽然看起来非常抽象，其实已经被用在了我们身边的许多地方。

对称性能够跨越壁垒

就像前面所说的那样，对于同一个群我们可以做出许多不同的解释，比如，解释成字符串的置换“操作”的群，或者解释成能显示图形对称性的“运动”的群，又或者解释成小男孩的“动作”的集合，等等。这些在具体的“物体”运动层面上来看完全不同的解释方式，从“结构”的角度来看却是共通的。也就是说，从群的形式演算的角度来看，能够计算出来的东西都是共通的。因此，我们就可以把 A 解释中的事实翻译到 B 解释中来进行理解。

也就是说，群这种结构可以在不同的解释方式之间来回穿梭。说得更完整一点，群结构可以在这些不同的解释所形成的“舞台”之间自由自在地穿梭往来。从这个意义上来说，群确实是“跨越了舞台与舞台之间的壁垒”。

群这种东西是基于对称性这个性质而构造出来的。这就意味着“对称性是可以跨越壁垒的”。不管是对称性，还是产生对称性的那些运动和操作，它们确实都是紧紧依附在“物体”上的，但它们并不是“物体”。它们只是“物体”的某种属性，而且这种属性的灵活度非常高。这样说来，我们应该能够使用它们来实现不同舞台之间的信息传递。实际上，群这个抽象概念在跨越不同舞台之间的各种壁垒来实现通信这方面确实发挥着非常出色的作用。

具体来说，对于连续两次“向右转”就等于“向后转”这样的表达方式，我们必须把整个语句作为信息传递出去，因为如果两边没有使用共同的语言，就无法进行通信。但是，如果把它用

$$uu=h$$

这样的简单符号所组成的公式表达出来，那么即使公式两边隔着高高的壁垒，做出正确解读的可能性也会大大提高。

当然，由于群结构的这种高度的灵活性，也很可能会造成信息传递上的不准确。比如，我们把表达三角形的对称性群的代码发送出去，另一个宇宙中的接收者完全有可能把它解释成字符串的置换群。这件事与IUT理论中所说的“对称性通信”的不确定性或者“偏差”并没有什么因果关系，它只是让我们能比较容易地理解到，在对称性通信中总是会显现出某种程度的不确定性。

通过对称性通信，我们可以把群的“结构”信息传递出去。而且，这种信息可以在各种各样的“物体”上获得解释，所以非常灵活。因此，它实际上可以跨越舞台与舞台之间的壁垒。与此同时，由于它的高度抽象性，也造成了某些不确定性。而IUT理论的本质特征之一就是对

这种不确定性进行定量的测量。

对称性虽然与物体密切相关，但并不是物体本身。所以它才能够跨越物体所无法跨越的壁垒。对称性以及群的这个不可思议且有用的特征，正是 IUT 理论把对称性群拿来作为不同宇宙之间的通信工具的理由。

而为了使这种通信更加准确，在接收到群的信息并开始“复原”阶段，我们要使用前面多次提到过的“远阿贝尔几何学”。远阿贝尔几何学是这样一套数学理论，它可以从“远阿贝尔”的群（也就是距离可交换足够远的群）出发，把算术几何学的对象复原出来。如果群是远阿贝尔的，也就是足够复杂的话，从它那里得到的用于复原的信息就会比较多，从而复原起来也会更加准确。

上面这些就是 IUT 理论中非常重要的“舞台间通信”的要义。这样一来，我们已经看到了 IUT 理论的大致线索。

- 为了打破加法和乘法相互交织缠绕的全纯结构，我们要设置多个数学舞台。
- 为了构建这些舞台之间的关系，我们要进行“对称性通信”。
- 而为了让对称性通信成功“跨越壁垒”，实现准确的信息传递，我们要应用能够处理具有复杂结构的群的“远阿贝尔几何学”。

现在可以说，我们已经在一定程度上具备了对 IUT 理论的概括性理解所需要的各种工具。以此为基础，在第 8 章中，我们终于可以开始讨论 IUT 理论本身，并试着理解一下它是如何推导出第 5 章结尾处所说的那个不等式的。

伽罗瓦理论与“复原”

不过，在此之前，我们想对“借助群进行复原”这件事的历史起源做一些简单的补充说明。实际上，使用群来复原某种东西这个想法并不是在远阿贝尔几何学或者 IUT 理论中首次提出来的，而应该是在最初考虑群这个概念的时候就已经是内藏着的想法了。“群”概念的创立者是埃瓦里斯特·伽罗瓦。伽罗瓦生活在距今 200 多年前的法国，他发明了我们现在所说的“伽罗瓦理论”。在这个理论中就已经出现了“复原”这样的想法。

埃瓦里斯特·伽罗瓦
Évariste Galois
（1811—1832）

本书并不是一本关于伽罗瓦理论的书，所以这里就不展开介绍了。不过，我们倒是可以简略地介绍一下伽罗瓦理论大概是在做什么事情。不懂专业术语也不用太担心，只要轻松地往下阅读就好。

伽罗瓦理论所考察的对象是我们在初中和高中就学过的如一次方程、二次方程、三次方程等“代数方程”。更确切地说，它要考察的是下面这个问题，即给定一个关于变量 x 的某个多项式等于 0 的方程，求出满足该方程的未知数 x 的值。基本上来说，如果上述方程是一个 n 次代数方程的话，那么它最多有 n 个根。当然，是不是有实数根，或者会不会有重根，这些问题也是需要考虑的。但是，只要我们把根的取值范围扩大到复数，并把重根按照重数来计算，那么就刚好有 n 个根。这里，我们提到了复数这个话题，不过暂时不必太在意。总而言之，我们可以认为，本质上只需要考虑“恰有 n 个根”这样的情况。

在伽罗瓦理论中，我们考虑的是这 n 个根的排列方法，以及交换排列顺序这样的“操作”。然后，在这类操作里面，特别选出那些与数的加法和乘法都相容的操作，它们就构成了一个群。我们把这个群称为该方程的“伽罗瓦群”。这个群是伽罗瓦理论中非常重要的对象。伽罗瓦理论想要告诉我们的是，通过这个群我们能够得到很多信息。简单来说，伽罗瓦群所描述的那种对称性实际上决定着方程的求解方法，也就是决定着我们找到根的整个路径。换句话说，伽罗瓦群能够“把方程的求解方法复原出来”。

举例来说，5 次以上的一般代数方程在代数上是无法求解的。也就是说，如果只使用加法、减法、乘法、除法以及“开方”这样的运算，是不能写出该方程的求根公式的，这是一条定理。想必读者之中也有人知道这个定理吧。这个定理的要点就是，从 5 次以上方程的伽罗瓦群中所复原的求解方法来看，我们能够解读出这样一个信息，即在它的求解方法中必然包含着在代数上无法实现的步骤[①]。

实际上，在以往关于群的各种理论之中，还能找到很多使用了“借助群来进行复原”这个想法的例子。我们甚至可以这么说，把这个想法以非常明确而又具体的形式加以利用的做法，正是 IUT 理论的一个主要特征。

---

① 有限群中有一类结构比较简单的群，称为可解群。如果一个方程的伽罗瓦群是可解群，那么在把它的求解过程分解成一系列基础的步骤之后，每一个这样的步骤都能够通过“开方”运算来实现，因而方程的根就可以用代数方法表达出来。但如果一个方程的伽罗瓦群不是可解群，那么某些基础步骤是不能通过“开方”运算实现的，从而方程就没有代数意义的求根公式。n 次一般代数方程的伽罗瓦群是对称群 S_n，伽罗瓦发现当 $n \geqslant 5$ 时 S_n 不是可解群，因而方程在代数上是无法求解的。参考《置换与代数方程》第 524 节。——译者注

顺便说一下，伽罗瓦是一个非常有名的人，数学爱好者们对他的事迹都是耳熟能详的。他在数学的世界里留下了不朽的足迹，不仅如此，他的人生经历也非常独特。21 岁的时候，他就在与另一个人的手枪决斗中身亡。所以在短短 21 年的生命中，他在数学上竟能留下了如此多的成绩，这样不世出的天才确实令人惊叹。而在另一方面，他实际上也作为政治活动家度过了惊涛骇浪的一生。关于他的生平，很多人都写过这方面的书，如果你还不了解，可以去找来读一读，一定会留下很深的印象。这些书籍一般是波澜装阔的纪实类书籍，主要描绘数学家的人生。这位一流的数学家生活在 19 世纪上半叶的法国，经历了那个时代特有的各种困境，最后又倒在决斗中。从他的人生轨迹里，我们能看到不朽的成绩、激进的政治活动、怀才不遇的焦虑和急躁、没有结果的爱情等。我想无论是谁，都一定会被他的故事所吸引①。

---

① 顺便在这里推销一下，笔者也写过一本介绍伽罗瓦生平的书，书名是《ガロア——天才数学者の生涯》，中央公论新社，2010 年。

第⑧章 传达，复原，偏差

IUT 理论所要做的事情

本书所设定的目标是要以任何人都能理解的方式来通俗地解说望月教授在 IUT 理论中所做的事情，进而说明该理论在数学领域中所具有的革命性意义。现在，我们终于来到了最为关键的部分。接下来，我们将在之前那些准备工作的基础上，来探讨一下 IUT 理论到底能够解决什么样的问题，并且是用什么样的方法来解决的。这里多少会讨论到一些比较具体的工作方法。

还记得以前我们也强调过，本书的中心话题并不是 ABC 猜想的“解决方法”，而是比它更为根本性的东西，那就是 IUT 理论是怎样一个理论，以及它的想法和观念有哪些崭新之处。我们在意的是，它会给数学界带来一种什么样的新风尚，以及它是不是会掀起一场在数学的整个历史上也难觅先例的根本性革命。

对于喜爱数学的人来说，ABC 猜想是怎样解决的，当然是一个很让人感兴趣的话题。但是，从 IUT 理论的核心结果出发而引向 ABC 猜想的过程，总的来说是一个技术性问题，与 IUT 理论本身所具有的那种不可估量的意义是没有办法相比的。因此，我们更感兴趣的当然是 IUT 理论本身的意义，而且是那种没有过分陷入技术细节的数学上的“基本思想”。在这样的主旨下，前面已经从宏观的角度阐明了 IUT 理论探讨的是什么样的话题，计划达成的目标是什么等。在本章中，我们要再进一步，更具体地来说明实现这些计划目标所要采取的步骤，并穿插一些模型化的比喻以增进理解。

那么，到目前为止，通过我们的介绍，想必大家对于 IUT 理论要做的事情已经有所了解了，这可以归纳为以下 3 点。

· 设定不同的数学舞台，并在它们之间传递对称性信息。

· 根据接收到的对称性信息来复原对象。

· 对由此产生的复原的不确定性进行定量测量。

也就是说，在 IUT 理论里，基础性的关键词就是下面这 3 个词：传达，复原，偏差。

我们来回忆一下。这些关键词之所以非常重要，就是因为 IUT 理论在历史上第一次设定了多个数学舞台，或者说引入了多个进行一体化数学推理和计算的完备世界。也就是说，这些关键词正是从“IUT 理论风格的数学”与“往常的数学”的根本性不同出发归纳出来的。

那么，“IUT 理论风格的数学”与“往常的数学”实际上到底有着什么样的不同呢？我们再来回忆一下拼图游戏那个比喻吧。在那里我们已经看到，如果想要把大小不同的碎片拼合在一起，那么用普通的方法是绝对不可能做到的。为什么是绝对不可能的呢？因为往常的数学被束缚在了同一个舞台之上。

当然，在这种往常的数学框架内，数学已经有了极其惊人的繁荣发展。但是，IUT 理论想要通过多个数学舞台的方式来实现一种全新的灵活性，这是往常的数学里所没有的。也就是说，它超越了以往的数学常识。具体来说，IUT 理论想要实现“加法和乘法的分离”，这在不破坏“全纯结构”的普通数学框架内是完全无法自圆其说的。正是因为同时考虑了多个数学宇宙，才使得这些看似荒谬的事情有了实现的可能性。

目标不等式

这里重要的一点是，不管 IUT 理论是多么新颖的革命性理论，它最终想要的结果仍然是普通意义下的不等式。也就是说，想要建立起我们在第 5 章结尾处所看到的那个不等式：

$$\deg\Theta \leqslant \deg q + c$$

这是一个非常难以证明的不等式，但它仍然是一个普通意义上的不等式，这一点没有任何异议。这样一种“普通意义上的”不等式，一直以来人们都是在“一个数学舞台”的设置中去设法完成证明的。而且，这种旧有的方法说不定在哪一天也能够把它证明出来。但是，也有可能这件事永远都做不到。针对这样的状况，IUT 理论提出了新的思路，即通过设置多个数学舞台的方式，来实现一种以前从未有过的论证方法上的自由度。

这个方法说不定是“绕了一个大大的弯路”，也许将来某一天我们会发现，原来这么做完全是不必要的。但是，IUT 理论向我们指出了在往常的数学中所没有的一条新路径，仅凭这一点，就足以说明 IUT 理论对人类的意义。不管怎么说，IUT 理论就是一种探索新路的理论，它引入了多个宇宙或者多个舞台（这也许根本就是不必要的，是一条“巨大的迂回路径”)，由此获得了某些超乎常理的灵活性，并使用这些手段推导出一个此前一直得不到证明的高难度不等式。

那么，这里所说的“舞台”指的是什么呢？那就是一整个完备的数学世界，在其中我们可以同时进行普通的加法和乘法。而 IUT 理论就是要同时考虑多个这样的数学舞台。关于这一点，我们已经强调过很多次了，对于读到这里的读者来说，这件事应该已经是相当明白、清楚了的。

下面，我们要说到一个具体的话题，那就是 IUT 理论中一个具体的计算实例。首先，我们来设定一下基本状况。在前面那个不等式中也出现了

$$q$$

这样一个量，把它理解为在某一个计算过程中能够计算的一般性的量。我们想要证明的是，这个量是很小的。用非常笼统的语言来说，就是我们想要用某种不等式来控制 q 这个量。只要做到这一点，就意味着我们距离解决 ABC 猜想之类的重要猜想非常近了。

前面我们也说过，要证明这样的事情，说不定在往常那种在单个舞台上讨论数学的框架下也是能够做到的。但是，根据目前已知的情况，这是非常困难的，还没有任何一个人成功过。对于这个问题，IUT 理论采用了什么样的解决办法呢？

我们的终极目标是要说明 q 是很小的。如果你是一个了解对数的人，就会知道，只需证明 $\ln q$ 是很小的就可以了。不了解对数 ln 的读者也不用太担心。总之，你可以把它想象成和 q 类似的东西，这不会有什么大问题。但为了证明 $\ln q$ 这个数是“很小的”，我们究竟应该探讨哪

些方面的事情，这才是至关重要的。

做这件事的方法当然有很多种。不过在这里，我们要使用下面的方法。要想证明某个量是很小的，可以首先让它变成 N 倍。这里的 N 就是一个随手指定的自然数，是一个比 1 大的整数。如果 $\ln q$ 非常小，那么即使把它变成 2 倍或者 3 倍，它的大小也不会有太大的变化，依然是很小的。也就是说，对于一个很小的数来说，即使把它变成 N 倍，基本上也不会太大。现在，我们要从另一个方向来利用这个性质。也就是说，通过证明"它在变成原来的 N 倍以后也不会太大"，反过来推出最初的那个数是很小的。

所以，至少从主观愿望上来说，形如

$$N\ln q \approx \ln q$$

的公式就是我们想要的公式。它的意思是说，N 倍之后和 N 倍之前相比没有太大的变化，即使有也只是非常微小的差别。具体来说，如果我们能够得到一个形如

$$N\ln q < \ln q + c$$

的不等式，那么就可以通过简单的公式变形而得到

$$\ln q < \frac{c}{N-1}$$

从而就像我们希望的那样，由于 $\ln q$ 是很小的，因此 q 也是很小的。

不同数学“舞台”中的拼图碎片

这样一来，我们需要证明的就是，即使把“q 的对数”变大多少倍，它的大小也不会发生太大变化，也就是说，二者基本上是一致的。了解对数的人应该都知道，这将意味着 q 这个数的 N 次方和原来的 q 没有多大区别。也就是说，我们希望证明的就是 q^N 和 q 差不多相等。

问题在于，想要直接证明这一点的话，一般来说是非常困难的。ABC 猜想之所以至今无人能够破解，原因也就在于此。因此就想到了要在“多个舞台”这样的大型道具设置中来完成这件事。现在，让我们回到之前提到过的那个“大小不同的拼图碎片”的话题上来（见图 8-1）。

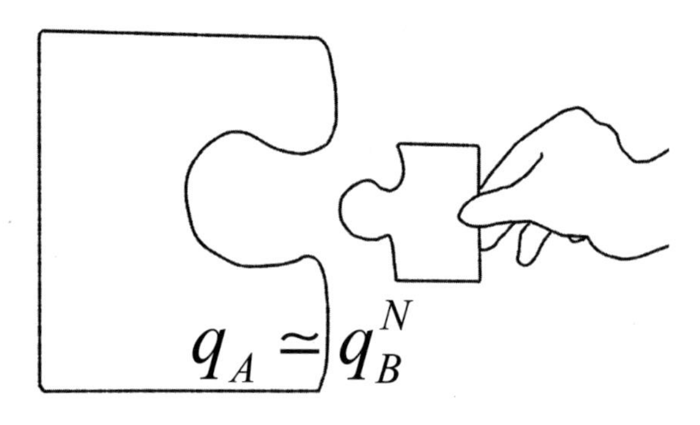

图 8-1　把不同数学舞台中的小块拼起来

这里，我们要考虑两个不同的舞台，舞台 A 和舞台 B。两者都是普通意义下的数学统一体，也就是视宇。因此，在每个舞台里都有一个和 q“相同”的摹本。由于要在舞台 A 和舞台 B 中同时考虑相同的 q，为了在符号上做出区别，我们分别用 q_A 和 q_B 来表示。虽然这是“相同”的 q，但因为它们所属的舞台不同，所以不能直接拼合在一起。因而就出现了图 8–1 所显示的那种情况。

为了把它们“拼合起来”，在第 5 章里我们谈到了一种方法，借用一个图像嵌套着另一个图像的直观比喻，那就是把左侧的小块通过投影的方式在外观上略微缩小，然后在形式上和右侧的小块拼在一起的方法（见图 5–6）。虽说这只是形式上的事情，但还是有必要以一定的方式建立起两者之间形式上的联系。而这种联系就是所谓的“Θ 纽带”。由于 Θ 纽带只是一种形式上的操作，所以望月教授自己也使用了各种各样的说法来比喻它。就像我们在前面也提到过的那样，“合同式婚姻”这个比喻就是从热播的电视剧里借用过来的。

对于舞台 A 中的 q_A 和舞台 B 中的 q_B 来说，通过这种形式上的纽带，后者的 N 次方就会与前者相对应。图 8–1 中的 ≃ 这个符号想要表达的就是这种“相对应”的意思。

不过，就像刚才所看到的那样，用图像嵌套着图像来比喻的话，那就是看起来仿佛拼在一起了，这里的情况也是一样的，从根本上说，这只是形式上的对应关系。所以，我们还没有得到想要的那个公式。左边的 q_A 和右边的 q_B 虽然是“同一个”q 的摹本，但因为它们分属不同的视宇，所以是彼此不同的东西。这就好像这个宇宙中的你和另一个平行宇宙中的你尽管看起来是同一个人，但实际上又是不同的人一样。不过重要的一点是，右边那个 q 的摹本是取了 N 次方的。如果再取对数的话，就成了 N 倍。

对称性通信和计算

在这种状态下，现在我们要在舞台 A 和舞台 B 之间进行“对称性通信”，并同时在两边进行同样的计算。想象一下，这就像两个人一边用手机在保持着联系，一边在纸上进行着同样的计算这种情况。不管怎么说，他们在完成每一个计算步骤的时候都一直在相互联络，所以我们应该可以预期两边得出的结果是一样的。这样看起来，我们当然就可以得出下面的结论：舞台 A 中的 q_A 的 N 次方与舞台 B 中的 q_B 的 N 次方几乎是相等的。

也就是说，在两个嵌套着的舞台之间先在形式上确立起

$$q_B^N \simeq q_A$$

这样的关系，然后在这个基础上，一边保持通信一边各自进行计算，又得到了

$$q_B^N \approx q_A^N$$

这样的结果。那么这样一来，对于舞台 A 中的人来说，只要把这两个公式放在一起考虑，就能够得出

q_A^N 和 q_A “差不多相等”

这个期待中的“公式”。

情形大致就是这样，原来认为很困难的公式，借助多个数学舞台的相互对应，就能像这样证明出来。当然，这种“魔法”并不是随心所欲就能轻松使用的。无论从理念上来说，还是从技术上来说，都有很多需要当心的地方。

事实上，这种论证方法的出发点就是“把舞台 A 中的 q 与舞台 B 中

的 q 相对应”这样一种“超乎常理”的情境设置，这在单一的数学环境中肯定是不可能出现的。所以说，在这种初始状态下，各个舞台之间当然有非常多的事情是无法共存的。

特别地，舞台 A 和舞台 B 各自具有一套数学上的“全纯结构”，这是无法共有的。也就是说，不可能建立起一种让两边的“加法和乘法”同时并存的关系。因而，在这样一种状况下，即使我们想让舞台 A 和舞台 B 一边保持“通信”一边同时进行计算，也不应该期待这种通信能够准确地传达太多的信息。如果像往常的数学那样允许两边的加法和乘法同时同步进行无拘无束的运算的话，马上就会产生各种矛盾。因此，能够通信的东西必须尽可能限制在非常窄的范围内，同时又要让计算保持一定程度的准确性和灵活性，这就要求我们去找到那条非常微妙的分界线。

从这个意义上来说，我们在这里所做的这些讨论，放在往常的数学计算中或者说放在单一的数学舞台上来看的话，是根本不可能顺利完成的。在不同舞台之间可以交流的东西是非常有限的，不能让“物”与“物”之间进行通信，基本上只允许对称性可以相互传递。像这样限制了不同舞台之间的通信渠道之后，反而有可能带来另外的灵活性，我们想要追求的就是这样一种状态。

让我们再用图来说明一下这种状况吧。请看一下图 8-2。在图的左边，我们考虑的是舞台 A 中又嵌套了一个舞台 B 这样的状态。这完全类似于图 5-5 中所描绘的那种图像嵌套着图像的状态。此时，较小的舞台 B 中的 q（也就是 q_B）的 N 次方与较大的舞台 A 中的 q（也就是 q_A）基本上是相对应的。就是在这样的状态下，图中的两个人一边通着电话，一边同时完成着计算。

图 8-2 嵌套舞台和对称性通信

当然，能够进行通信的东西，或者说能够跨越不同视宇之间的壁垒的那种东西，也就只有对称性，所以我们说这里进行着的是“对称性通信”。于是两方所做的事情就是，彼此都把自己所做的计算翻译成对称性，也就是翻译成群的语言，然后传达给对方，接收到信息的一方，再以其中的对称性信息为基础，复原出对方的计算对象和顺序等，从而就得出了图 8-2 右侧所示的结论。由于对称性通信的过程无论如何都会产生“不确定性”，或者说产生“偏差”，因而没有办法得到 q_A^N 和 q_B^N 刚好相等这样的完美等式，但总还是能够得出几乎相等这种感觉的结果的。

Θ 函数

但是，正如我们在前面已经多次谈到的那样，这里的一个重要问题当然还是不确定性的问题，这是因为能够实现通信的东西总归是有限的，不确定性是难以避免的。所以我们说，“对称性通信”一定会产生“不确定性”和“偏差”，这是命中注定的。但是，这也是非常本质性的东西。因为不管怎么说，为了跨越不同数学舞台之间的障碍，我们必须把通信内容翻译成群的语言，而在翻译和复原的时候一定会产生不确定性。所以重要的是，我们要承认这种不确定性是根本性的，然后设法把它降到最低，并且采取措施来测量和评估产生了多少不确定性。这就是 IUT 理论的精髓所在。

首先，为了尽量减少不确定性和偏差的振荡给通信内容所带来的影响，IUT 理论想了很多非常精细的方法。这些方法涉及相当高深的技术性问题，所以很难在这里一一做出说明。但是，我们不妨介绍一下其中的一个方法。

在不同舞台之间的通信中，为了使彼此的计算能够保持同步，最重要的通信内容莫过于计算 q 的 N 次方这个量的方法。虽然我们很想原原本本地把这种信息传递出去，但这是做不到的，因为它会被不确定性的振荡所吞没，无法达成任何有意义的通信。为什么这么说呢？因为如果只看 q^N 这一个值的话，它的对称性可就没有那么丰富了。而如果对称性既不丰富也不复杂，那么在对称性通信的最后阶段，也就是从接收到的对称性信息出发来复原物体的阶段，就会面临非常严重的不确定性。当这种不确定性过于巨大的时候，复原出来的东西就会变得完全不像原来的东西了。一旦出现了这样的情况，好不容易建立起来的舞台间的通信也就形同虚设了。

因此，我们必须把它转换成某种对称性更丰富也更复杂的东西。具体来说，就是要把它与某种具有丰富且复杂对称性的东西巧妙地封装在一起，然后传递出去。为了做到这件事，IUT 理论使用了一种特殊的方法，即我们在这里并不把 q^N 作为数直接进行传递，而是要把它理解为“Θ 函数”这样一种函数在某个特殊点处的取值，这个函数就关联着非常丰富且复杂的对称性。仅仅是一个数的话，它与对称性相去甚远，但通过把它解释为 Θ 函数的特殊值，就可以封装进一个能够较好地对抗不确定性的载体。

也就是说，我们并不是要把数的信息直接传递出去，而是要把这个函数的信息传递出去。Θ 函数紧密地联系着非常多的对称性，所以如果把它的对称性转化为群的信息发送到对方的舞台上，那么接收到信息的一方就能以相当高的精确度来复原 Θ 函数。

实际上，这个 Θ 函数与前面已经出现多次的“椭圆曲线”的对称性也有着密切的关系。这样看来，IUT 理论为了完成计算的通信而使用的这张王牌，实际上也是在我们的口袋里就能找到的数学对象。

当然，Θ 函数这种东西只不过是一个函数，但是它所关联的对称性与点标椭圆曲线的几何学有关，而这种曲线又可以归类为双曲型代数曲线①，后者正是远阿贝尔几何学的研究对象，所以 Θ 函数刚好能够使用远阿贝尔几何学的方法来进行复原。接下来，只要让复原出来的 Θ 函数在特殊点处取值，就可以从中得到计算 q^N 所需的数据，这刚好符合我们的要求。

我们在第 7 章已经说过，“远阿贝尔几何学”是这样一个理论框架，在其中通过对称性进行复原的工作能够相当顺利地获得成功。而

① 从代数曲线的分类上来说，椭圆曲线本身其实是抛物型代数曲线，椭圆曲线去掉一个点以后又变成了双曲型代数曲线。由于历史来源的关系，这里的数学名称显得有点不协调，但不会影响我们对概念的理解。——译者注

且我们也说到，对于一个算术几何学的对象来说，如果它的对称性群距离“阿贝尔 = 可交换”非常遥远，也就是说，这个群的结构非常复杂，那么就可以从对称性群出发把这个对象相当细致地复原出来。这就是远阿贝尔几何学在 IUT 理论中发挥着重要作用的根本原因。

偏差的测量

当然，即使这么费尽心思地想办法，还是无法彻底消除不确定性，因为这种不确定性是由于在不同的数学舞台之间只能通过非常有限的通信手段进行沟通而产生的本质性的偏差。因此，我们不可能把它完全抹去，而且思考这种问题本身也是没有什么意义的。更重要的事情反而是，定量地去测量这个“偏差”，并把测量结果表示成严格意义上（而不是形式上）的数学等式或者不等式。IUT 理论真正让人惊讶的观念就是，我们确实能够进行“偏差的测量”。这也正是 IUT 理论所提出的“基本定理”。

上面已经得到的结果就是

$$N\ln(q_A)\approx\ln(q_A)$$

这样的关系式。其中，“≈”这个符号表达了下面这层意思，即两边并不是完全相等，而是带着轻微的不确定性的。“IUT 理论的基本定理”陈述的一个重要论点是，这种轻微的不确定性是可以得到定量评估的。基于这一点，在 IUT 理论中就能得到一个形如

$$N\ln(q_A)<\ln(q_A)+c$$

的不等式，这就是我们在本章开头部分所说的那个关键不等式。由此得知，q_A 确实是很小的（可以庆祝了）。

在本章的开头和第 5 章的结尾都提到过，我们的目标不等式是一个形如

$$\deg\Theta \leqslant \deg q + c$$

的不等式，不等式左边的 Θ 表示的是 Θ 函数（的值的集合）。但实际上，这和我们刚才所说的事情完全就是同一件事。舞台 A 中的 q_A 被传送到舞台 B 以后变成了 Θ。因此，这就是舞台 B 中与 q_B^N 相对应的那个东西。于是，计算出它的次数就是

$$N \deg q$$

由此我们就得出了

$$\deg q$$

是很小的这个结论（deg 和 ln 之间的差别不需要过于担心）。

局部和整体

在这个解说的最后阶段，我们要探讨 IUT 理论的本质性部分，为此就不得不在一定程度上涉及某些技术性的侧面。下面就来简单做个说明。

在上文中，我们看到了这样一个过程，运用处于嵌套状态的两个数学舞台之间的对称性通信之类的手段，获得了一种前所未有的崭新的灵

活性，由此推导出了一些重要的不等式，从以往的研究方式来看它们似乎是相当难以企及的。当然，这些事情确实勾勒出了 IUT 理论中一个极为重要的方面，这是没有疑问的。但事实上，比如说想要以此来证明 ABC 猜想的话，仅靠这些是远远不够的。

实际上，除了以上的计算之外，还必须考虑另一个类似的计算，这就是“数域的复原”。不仅如此，实际上这些计算还必须同时在无限多个位置上一起进行。要讨论这方面的内容的话，必然会牵涉一些较为技术性的问题。接下来，我们就试着用尽量通俗易懂的方式做一番说明。实际上，在探讨“数”的世界的时候，研究者们会把它分为“局部理论”和“整体理论”两个侧面。这是一件相当困难的事情，不过我们可以用下面的例子来做个简单的说明。

请你在脑子里随便想象一个自然数，什么都可以。我们来做个游戏，你不要告诉我这个数是什么，让我来猜猜看。基本的约定是，我会问你各种各样的相关问题，而你必须如实回答。首先我会问，这个数是偶数还是奇数？当然，只听到这个问题的答案还不足以知道具体的数。因此，接下来我会问，这个数除以 3 得到的余数是多少？这样一来，我就知道了这个数除以 2 得到的余数和除以 3 得到的余数，通过它们可以把这个数的范围稍微缩小一点儿。具体来说，我现在能够知道这个数除以 6 得到的余数。举例来说，如果这个数是奇数（除以 2 的余数是 1），而且除以 3 的余数是 2，那么这个数除以 6 的余数就是 5。

当然，这还是不够的。接下来我会问，这个数除以 5 得到的余数是多少？这样一来，我就能计算出这个数除以 30 得到的余数。在这种情况下，假如说我能够通过某种手段知道你想的数是在 30 以内的，那就完全可以猜出你想的那个数了。但是，对于一般的情况来说，此时还猜不出这个数。

那么我就会继续问，这个数除以 7 得到的余数是多少？然后再问，这个数除以 11 得到的余数是多少？以此类推，我会一个接一个地问除以素数得到的余数。这样一来，我就能逐渐得到关于那个数的准确信息。但是，使用这个方法其实永远也没有办法得到完美的答案，因为素数的个数是无限的。

这个不断扩展的“猜数游戏”，实际上很好地体现了数的世界中的“局部和整体”之间的差别。实际上，你所想到的那个数本身是什么这是一个“整体”信息，而与之相对应的是，它除以各个素数之后的余数是什么则是它在各个素数处的“局部”信息。

这里明明讨论的是数的话题，为什么要使用“局部”“整体”之类的几何学用语呢？这其实有着深层次的原因，但我们在这里不打算仔细探究了。仅指出，这种通过考察“除以各个素数的余数”来了解这个数本身的做法，有点儿类似于为了掌握像地球这种巨大物体的整体形状，就需要全面地去考察地球上各个地点的局部情况。求出除以各个素数的余数就相当于在各个素数这种“地点”上细致地考察该数的“局部”情况。因此，如果对所有的素数都进行了这样的操作的话，我们就可以把任何数都复原出来。也就是说，通过把各种局部信息收集汇总在一起，就可以在一定程度上准确地了解整体信息。

就像这样，在数的理论中既有“局部”的信息和理论，也有“整体”的信息和理论。而且，通过地球的例子也可以看出，一般来说，整体理论总是比局部理论更难。所以说，在思考数论中的各种问题的时候，我们就必须把数的局部信息恰当地整合起来，以期最终获得某些整体方面的信息。在 ABC 猜想上，以及第 4 章里介绍的那些与之等价的猜想上，我们也应该这么做。

而且，前面已经做过的那种对于“q 这个数非常小”这件事的证明实际上都是局部理论。因此，我们还必须把这些局部理论适当地整合起来，设法建立起一个关于数的整体理论。在这个过程中，就像我们在上面的猜数游戏中所看到的那样，基本上也必须把无限多个局部理论进行适当的整合，才有可能对整体的情况获得一些了解。

精细的同步化

前面是我们对数论中的局部理论和整体理论的一个比较笼统的诠释。但是，对于 IUT 理论来说，在讨论局部和整体的关系这方面的话题时，还会出现一个特别重要的问题。这个问题又与催生 IUT 理论的那个原始动机有着密切的关系。

我们在第 3 章说过，对于望月教授来说，促使他着手建立 IUT 理论这种宏大理论的一个思维原点就是 Hodge-Arakelov 理论，该理论揭示了椭圆曲线的某种极其深邃的结构。事实上，这个理论本身是一个整体性的理论，但是与 ABC 猜想有关的那个部分只能在局部得以实现。在 2000 年前后，望月教授意识到，只要能够把这个部分的整体理论构建起来，就可以用它来解决 ABC 猜想。

但是，由于数域这种东西本来所具有的那种“坚硬”的结构，在直接构建起期望中的整体理论这个工作中有很大的障碍。正如我们在第 3 章说过的那样，为了彻底确认这是一件不可能的事情，望月教授曾花费两年的时间来仔细地进行了思考。在终于确定了这件事在“现有的数学”这个框架下不可能实现之后，他为了创造出“新的数学”，才开始了构建IUT理论这项工作，这也是前面已经说过的。

望月教授的思考路径大概是下面这样。就像在前文所看到的那样，为了构建一个完美的整体理论，我们至少需要把在所有素数处的局部理论进行适当的整合。当然，仅仅做到这些很可能还是达不到目标，但是，要把所有的素点[①]都考虑在内，这样一种思考方法对于现在的数学体系中的数论问题来说，无论如何都是非常必要的。然而，对于Hodge–Arakelov理论来说，可以明显看出这件事是做不到的。

对于这个问题，望月教授有了一个新想法，即我们可以不用考虑全部素点，只选出其中的多个素点来进行整合，并以此为基础来进行讨论。当然，这样做就已经打破了“数域”这样一个数的世界，所以也就超越了往常的数学框架。需要做的就是，在一部分的素点而不是全部素点上展开数的理论，然后利用伽罗瓦群的对称性把它巧妙地扩展到全体数域上。通过这样的方式，IUT理论摒弃了往常的那些做法，开始用一种有些超乎常理的方法来构建一个数的整体理论。

这就好像我们只去考虑一部分素数那样，违反了数的世界里的各种规则。也就是说，这是一种破坏数的结构的行为。从另一个角度来说，这种行为就意味着对“全纯结构”的破坏，因为它是与加法和乘法的这种精妙而复杂的并存状况相抵触的。因而，从望月教授的IUT理论来看，在加法和乘法复杂交织缠绕而成的“全纯结构”上构建数的理论这样一种思考方法本身是有问题的，是从一开始就必须予以超越的。

不仅如此，在数的体系中，局部的侧面和整体的侧面之间有着非常精妙的关联方式，所以想要通过把局部的侧面适当整合起来而得到整体

---

① 把它当成与素数完全类似的东西即可。

的性质，这一般来说仍然是非常困难的。具体来说，我们不能让无限多个局部理论各自完全独立地运行，而是必须让它们处于同步状态，同时保持一定的关联性，才能使它们凝聚起来。只是把一堆零零散散的东西收集在一起，并不能得出任何整体的结果。而且，那种精细到令人畏惧的同步性必须靠我们亲自动手一个一个地进行校准，想想就知道这是一件多么不容易的事情。

这种各个素点之间的同步还必须让加法结构和乘法结构在整体上能够“连接”起来，也就是要把曾经被打散的数的结构重新构建起来。因此，在对局部理论进行整合的过程中，我们还要妥善地协调与加法和乘法相对应的对称性，这是不可或缺的。

图 8-3 显示了其结束部分的静止画面。

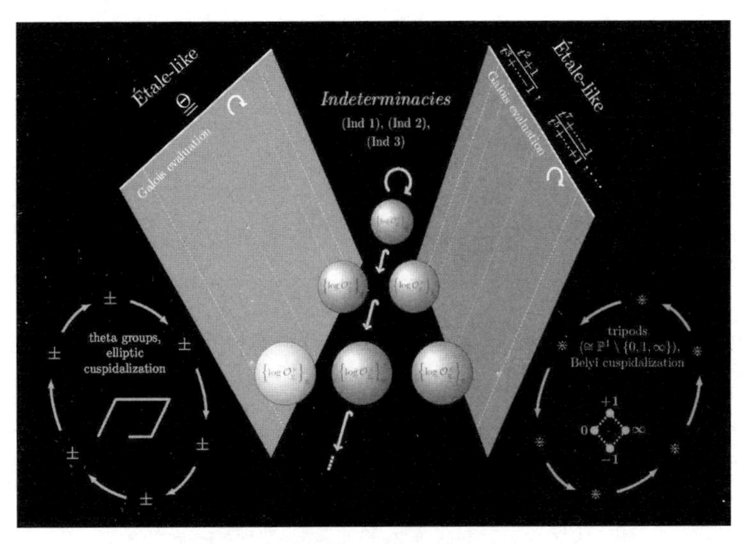

图 8-3　IUT 理论所做的事情。取自望月新一的 YouTube 主页

在图 8-3 的这个视频中，左侧的部分展现的就是我们以前讨论过的那个把“q”和“Θ”联系起来的不等式的理论。其中的“q^{j^2}”是 Θ 函数的值。通过舞台之间的通信，在每个素点处得到的这些值就会积累在下面那个称为“对数壳层”（log shell）的东西之中。

对于右侧出现的东西，我们在本书里并没有给出说明，但总的来说也是通过对称性通信从“κ（kappa）核型函数”中复原出来的数域的信息。而且，它们也纷纷落在对数壳层之中。

总结

第 8 章最后一部分的内容讲得有点难了。不仅内容变得很难，而且还让人产生一种不上不下的感觉，好像话说了一半儿就停了。当然，再对其展开说明的话，技术上就会变得非常困难，所以从本书的基本设想来看，这已经超出了我们所能讨论的范围。

但是不管怎么说，通过前面的说明，本书所要传递的最本质的那部分内容应该已经在很大程度上传达给读者了吧。本书的既定目标就是要以尽可能通俗易懂的方式向读者传达下面的信息："IUT 理论这个新理论有着怎样一种崭新而深远的构想，以致于有可能引发数学领域的革命"。为了达到这个目的，对于 IUT 理论本身，我们也尽量避开那些技术上比较困难的部分，在基本思想层面对它做了一番说明，而且尽量使用了一些大家比较熟悉的例子和比喻来帮助大家进行理解。从这个意义上来说，此前的说明已经充分地表达了下面两方面意思，一方面，IUT 理论所追求的数学变革是一场多么根本性的变革，另一方面，IUT 理论所要做的事情在某种意义上又是相当自然的。这样看起来，我们的目标应该算是大部分达成了吧。

那么，让我们最后来总结一下本书对于 IUT 理论所说到的一些事项。IUT 理论到底有些什么样的特点呢?

首先一点就是，通过设置不同的数学舞台，先把我们想要的状况以“表面功夫”的方式建立起来。这里所说的“表面功夫”一词指的就是前面多次提到过的“形式上的对应”。另外，我们也曾把这件事比喻成把“大小不同的拼图游戏的碎片”利用图像嵌套着图像的方法从外观上进行一个形式上的“拼合”。

在此基础上，IUT 理论想要完成的是，利用舞台之间有限的通信手段，传达计算方法。

这就是我们所说的“对称性通信”。在不同的舞台之间，为了跨越全纯结构的壁垒，我们必须使用对称性群。为了从群的信息里把计算对象和顺序恢复出来，我们还使用了远阿贝尔几何学。

最后我们要做的事情就是，通过定量地测量“对称性通信”所产生的“不确定性、偏差”，来推导出某种不等式。

在 IUT 理论中有很多崭新的想法，比如说，设置多个数学舞台、使用对称性群来进行不同舞台之间的通信等，但是在 IUT 理论中最令人惊讶的一个想法是这一条，也就是在“对称性通信”的过程中所产生的“跨视宇不确定性”是可以进行定量评估的，而且能得到确切的数值。

像上述这样重新审视一下，想必大家就会更加清楚地了解到 IUT 理论与往常的数学是非常不同的。

我们再来重申一遍，往常的数学是在单一的数学舞台上进行着各项工作的。而 IUT 理论可以在多个舞台上进行工作，因而也获得了往常的数学所没有的灵活性。也就是说，从往常的数学视角来看，这是一种“超乎常理”的灵活性。

大家觉得怎么样呢？

写到这里稍微回顾一下，我再次感觉到 IUT 理论实在是一个非常困难的理论。关于 IUT 理论，本书的目标之一就是让非专业的人士也能尽可能地了解它的基本思想，而我好像觉得说到现在这个程度已经接近极限了。

但是，通过这种形式，IUT 理论对人类数学倡议了什么，它的一些新的数学思想又是怎么样的，这样一些观念也在一定程度上得到了传达。这就是望月新一这位和我们生活在同一时代中的人所提出的一个在数学领域具有革命性意义的理论。与此同时，我们也想告诉大家，它不仅是一种革命性的思考方式，也是一种自然的思考方式。IUT 理论确实是一个在技术上非常困难的理论，但至少它的意图并不是只想把一些稀奇古怪的概念以复杂而离奇的方式纠合在一起，而是根植于我们普通人就能以普通方式理解到的一些自然的思考方式和想法之上。我想正因为如此，它才是一个“很了不起的理论”。

后　记

本书的诞生，源于“MATH POWER 2017”数学活动中的一个核心企划，企划人员找到了加藤文元老师，请他为普通人讲解一下 IUT 理论。

MATH POWER 数学活动始创于 2016 年，我也以个人名义赞助了这个活动。它的基本理念是，把数学爱好者们聚集起来，过一个盛大的“数学狂欢节”。当然，在活动中也会邀请一些像加藤文元老师这样真正的数学家来演讲。总的来说，参与者都是一些社会人士、以及即将成为数学工作者的研究生们。它的目的是让数学在社会上得到更加广泛的传播，所以这和那种由数学领域的专家们所组成的学会是完全不同的。

说起 IUT 理论，据说它可是一个全世界都没有几个人能够完全理解的理论。MATH POWER 举办的关于该理论的演讲应该是第一次面向普通人的解说，而且其影响范围好像也扩大到了数学界的内部，甚至有一些远在国外的人来信询问如何能够看到演讲视频。

MATH POWER 把这次演讲在 Niconico 动画平台上进行了网络直播，arXiv 上也做了公布。但是即使知道了 URL 地址，对于国外的数学家来说，要想获取 Niconico 平台的账号似乎也比较困难，而且这个演讲所用的语言也是日语。因此还发生了这样一个故事，某个热心的数学研究者专门为其配上字幕，再把它转发到了 YouTube 上面。

看到该演讲的反响如此热烈，我就向文元老师提出建议，是不是可以把演讲的内容以书的形式推向社会呢？文元老师对此做出了积极的回应。但是文元老师的工作也是相当繁忙的，是不是真的能够把本书的写作纳入自己的日程，这一点一直让我很担心。为了顺利促成这件事，给文元老师平添了不少的麻烦，现在想想还觉得十分抱歉。

虽然有点自卖自夸的味道，我还是觉得本书的出版是非常有意义的事情。

首先，在数学界，解决 ABC 猜想是继解决费马大定理和庞加莱猜想之后的又一个难得一遇的重大事件，这在一般社会上也能得到广泛关注。而因为这个伟大的功业是在日本诞生的，所以我觉得世界上第一本面向普通人的解说图书也一定要由日本来出版。在日本出版本书的好处是，我们可以请到与望月老师私交甚密的文元老师来撰写，也可以请望月老师来自监修书的内容。这样一来，本书就能够不再局限于讨论 ABC 猜想的解决本身，而是把望月老师所构筑的 IUT 理论作为真正的主题，这是一件更加具有革命性的事情。

实际上，在读到本书的原稿之前，我并不知道文元老师和望月老师的关系竟然如此亲近。大概正是因为文元老师非常珍视他与望月老师的个人友谊，所以才一直没有公开说过自己与望月老师之间的那些故事吧。我竟然在毫不知情的情况下，找对了那个最适合写本书的人，这已经完全超出了我的想象，真是一种不可思议的缘分。

文元老师和我是最近才认识的，但让我非常吃惊的是，我们两人曾是同一所大学里的同年级学生。在京都大学百万遍校区里，我们共同学习了 4 年时间，但彼此并不认识。文元老师是理学部的，而我是工学部的，当时我住在北白川，每天上下学的路上都会经过理学部的校舍，说不定我们两人曾经真的有过那么一两次擦肩而过的时刻。

据说文元老师最初在理学部学习的是生物学，但后来还是选择了数学这条道路。我在工学部学习的是化学，毕业后就进入了 IT 行业。我们两个人最初的起点和现在的处境都是截然不同的，把我们联系起来的是我的私人数学老师中泽俊彦先生。中泽先生曾经在京都大学跟随文元老师学习数学，虽然他曾一度放弃数学的道路，选择了到公司就职，但终于还是无法割舍对数学的怀念，又从一流企业离职，回归了数学研究。

中泽先生的朋友们和文元老师定期举办的聚会有一次也邀请了我，再加上我们又是同年级的，所以非常投缘，很快就成了好友。

IT 行业现在正处于深度学习等人工智能（Artificial Intelligence，AI）热潮中，据说数学界也对从数学的角度来理解深度学习产生了浓厚的兴趣。现在，我正与多玩国（Dwango）的人工智能技术人员和文元老师一起，时常就深度学习和数学的关系举办一些最新论文的学习会。

有一天，文元老师找我咨询一件事情。当时望月老师制作并发布了一个解释 IUT 理论的动画，但因为是自己制作的，所以对于片子的视觉效果感到不太满意，想请专业的动画公司来好好地重新制作一下，文元老师问我能不能介绍一个好的公司。

连数学家都还没有完全理解 IUT 理论，要想找到能够理解望月老师要求的动画公司，还要制作出理想的动画，这根本就是天方夜谭。幸好我认识数学文化社的梅崎直也先生，他也是我的另一位数学老师。听到这件事后，他主动提出，愿意做一些居中协调以及沟通交流方面的工作，只要内容只涉及目前已公开的那部分动画。

既然决定要做，我就找庵野秀明导演[①]商量了一下，他说如果只是把动画的外观做得漂亮一点的话，StudioKhara 工作室（日文是スタジオカラー）可以负责这项工作。

遗憾的是，望月老师也是个大忙人，很难抽出时间来好好地探讨 IUT 理论的动画这方面的问题，真正能够开始入手制作还要等到几年以后。看样子这件事要实现起来还得花一些时间，但是我觉得，由日本代表性的影像大师庵野导演亲自制作这个解释日本原创的 IUT 理论的动画，这本身就是一件非常引人遐想的事情。

对于 IUT 理论这个东西，我恐怕是无论如何也理解不了了，权且借用一下 IUT 理论的想法，做个不恰当的比喻吧。大概我们心中所怀抱的那个梦想，就是另一个宇宙中的现实，那个宇宙虽然并不是这个宇宙，但可能又离此不远。现在，社会上盛传着日本的年轻一代正在逃离理科这样一种说法，我衷心地希望，在阅读本书的年轻人中，能有人通过 Θ 纽带与书中所描绘的美好梦想相结合，在数学领域做出全新的重大发现。

川上量生

Dwango 有限公司顾问

---

① 庵野秀明是日本著名的动画导演，曾负责《超时空要塞》《风之谷》《萤火虫之墓》《新世纪福音战士》等多部影视剧的动画制作或者担任导演。——译者注

版 权 声 明